Berichte zu Pflanzenschutzmitteln 2013

Jahresbericht Pflanzenschutz-Kontrollprogramm

Bund-Länder-Programm zur Überwachung des Inverkehrbringens und der Anwendung von Pflanzenschutzmitteln nach dem Pflanzenschutzgesetz

BVL-Reporte

IMPRESSUM

Bibliografische Information der Deutschen Bibliothek

Die Deutsche Bibliothek verzeichnet diese Publikation in der Deutschen Nationalbibliografie; detaillierte bibliografische Daten sind im Internet über http://dnb.ddb.de abrufbar.

ISBN 978-3-319-11566-5
ISBN 978-3-319-11567-2 (eBook)
DOI 10.1007/978-3-319-11567-2
Springer Basel Dordrecht London New York

Herausgeber:	Bundesamt für Verbraucherschutz und Lebensmittelsicherheit (BVL) Dienststelle Berlin Mauerstraße 39 – 42 D-10117 Berlin
Schlussredaktion:	Herr K. Bentlage (kb-lektorat), Frau Dr. S. Dombrowski (BVL, Pressestelle)
Redaktion:	Frau Dr. K. Corsten (BVL, Ref. 201)
ViSdP:	Frau N. Banspach (BVL, Pressestelle)
Titelbild:	© Herr H. Puckhaber (Pflanzenschutzdienst Bremen)
Abbildungen:	© Herr H. Puckhaber (Pflanzenschutzdienst Bremen)
Satz:	le-tex publishing services GmbH

Gedruckt auf säurefreiem und chlorfrei gebleichtem Papier

Springer Basel ist Teil der Fachverlagsgruppe Springer Science+Business Media (www.springer.com)

Inhaltsverzeichnis

Zusammenfassung

1

In der Bundesrepublik Deutschland überwachen die Behörden der Länder die Einhaltung der Vorschriften, die für das Inverkehrbringen und die Anwendung von Pflanzenschutzmitteln gelten.

Das **Pflanzenschutz-Kontrollprogramm** ist ein bundesweit harmonisiertes Programm zur Überwachung pflanzenschutzrechtlicher Vorschriften. Die Durchführung und Berichterstattung der Kontrollen erfolgen nach gemeinsamen Standards der Länder auf Grundlage eines abgestimmten Methoden-Handbuchs. Die Festlegung von Kontrolltatbeständen und die Betriebsauswahl erfolgt durch die Länder; zusätzlich gibt es bundesweite Kontrollschwerpunkte. Der vorliegende Bericht fasst die Ergebnisse des Jahres 2013 zusammen.

Bundesweit wurden in 2.374 Handelsbetrieben Verkehrskontrollen durchgeführt und in 5.310 Betrieben der Landwirtschaft, des Gartenbaus und der Forstwirtschaft Betriebs- oder Anwendungskontrollen vorgenommen. Im Rahmen der Überwachung der Verordnung über die Prüfung von Pflanzenschutzgeräten (Pflanzenschutz-Geräteverordnung) wurden des Weiteren 68.544 Pflanzenschutzgeräte von amtlichen bzw. amtlich anerkannten Kontrollstellen überprüft. 160 Pflanzenschutzmittel wurden in Hinsicht auf Zusammensetzung und physikalische, chemische und technische Eigenschaften untersucht.

Das Anbieten von Pflanzenschutzmitteln, die nicht mehr verkehrsfähig sind, war mit 24,8 % wie in den vergangenen Jahren ein Hauptgrund für Beanstandungen in Handelsbetrieben (2012: 20,5 %). Die Beanstandungsquote aufgrund einer Nichtbeachtung der Anzeigepflicht des Verkaufs von Pflanzenschutzmitteln lag mit 7,6 % auf dem Niveau des Vorjahres (7,5 %). Bezüglich der Sachkunde und der Unterrichtungspflicht des Verkaufspersonals kam es in 3,9 % bzw. 4,6 % der kontrollierten Betriebe zu Beanstandungen (2012: 3,5 % bzw. 4,2 %). Die Nichteinhaltung des Selbstbedienungsverbots wurde in 6,2 % der kontrollierten Betriebe bemängelt (2012: 8,4 %). Bei Kontrollen von Pflanzenschutzmittellagern wurden in 3,6 % der Handelsbetriebe Pflanzenschutzmittel vorgefunden, für die eine Beseitigungspflicht besteht (2012: 3,8 %). Hierbei handelt es sich um Pflanzenschutzmittel, die Wirkstoffe enthalten, die EU-weit verboten sind.

Im Handel wurden insgesamt 160 Pflanzenschutzmittelgebinde entnommen und auf ihre Zusammensetzung analysiert. Im Jahr 2013 lag dabei der Schwerpunkt auf Pflanzenschutzmitteln, die die Wirkstoffe Prothioconazol oder S-Metolachlor enthielten. In den Stadtstaaten Berlin, Hamburg und Bremen sind Kleinpackungen mit dem Wirkstoff Thiamethoxam beprobt worden. Keine der 132 untersuchten Gebinde wurden bemängelt. Bei 28 Proben, die aufgrund eines Verdachts (Schäden an Pflanzen, Verdacht auf illegale Importe usw.) untersucht wurden, lag die Beanstandungsquote mit 50 % erwartungsgemäß höher. Diese Ergebnisse der Analysen können nur einen Trend wiedergeben, da sie aufgrund der Probenzahlen nur eine geringe statistische Aussagekraft haben.

Bei Anwendungs- und Betriebskontrollen in landwirtschaftlichen, forstwirtschaftlichen und gärtnerischen Betrieben ergaben sich in den meisten Kontrollbereichen niedrigere Beanstandungsquoten als im Vorjahr. Hieraus kann kein allgemeiner Trend abgeleitet werden, da die Kontrollplanung im Allgemeinen risikoorientiert erfolgt. In dieser Zusammenfassung sind zudem die Ergebnisse aus systematischen Kontrollen in zufällig ausgewählten Betrieben und Anlasskontrollen, die aufgrund eines Verdachts durchgeführt wurden, zusammengefasst. Bei 1,2 % der kontrollierten Anwender lag kein gültiger Sachkundenachweis vor (2012: 2,1 %). Die Vorschriften der Pflanzenschutz-Anwendungsverordnung wurden bei 0,6 % der daraufhin kontrollierten Schläge missachtet (2012: 0,5 %). Auf 3,3 % der kontrollierten Schläge wurden Verstöße bezüglich der Einhaltung der Anwendungsgebiete festgestellt (2012: 4,0 %). Auf 4,5 % der kontrollierten Schläge wurden Anwendungs- oder Bienenschutzbestimmungen nicht eingehalten (2012: 4,1 %). Die Beanstandungsquote bei kontrollierten Pflanzenschutzgeräten lag bei 2,1 % (2012: 3,3 %). Die Einhaltung der Dokumentationspflicht für Pflanzenschutzmittelanwendungen war in 5,1 % der kontrollierten Betriebe man-

Berichte zu Pflanzenschutzmitteln 2013, DOI 10.1007/978-3-319-11567-2_1,
© Bundesamt für Verbraucherschutz und Lebensmittelsicherheit (BVL) 2015

gelhaft (2012: 7,2 %). Die Beseitigungspflicht für Pflanzenschutzmittel, die EU-weit verbotene Wirkstoffe enthalten, wurde in 4,5 % der kontrollierten Betriebe nicht beachtet (2012: 8,6 %).

Im Jahr 2013 wurde, wie in den beiden Vorjahren, die Anwendung von Pflanzenschutzmitteln in Kernobst in einem bundesweiten Kontrollschwerpunkt überwacht. Die Kontrollen umfassten 246 Schläge mit Apfel-, Birnen-, Quittenbäumen oder Apfelbeeren in 241 Betrieben. Auf 9 der kontrollierten Schläge in 9 Betrieben wurden Pflanzenschutzmittel eingesetzt, die in Kernobst nicht zulässig sind (3,7 %). In allen Fällen wurden Wirkstoffe angewendet, die in Deutschland in zugelassenen Pflanzenschutzmitteln enthalten sein dürfen, die jedoch keine Zulassung für eine Anwendung in Kernobst besitzen.

Die Einhaltung von Abständen zu Gewässern bei der Anwendung von Pflanzenschutzmitteln wurde in einem weiteren bundesweiten Schwerpunkt kontrolliert. Es wurden 423 Schläge in 421 Betrieben kontrolliert. Auf 42 Schlägen (9,9 %) wurden die vorgegebenen Abstände zu Gewässern nicht eingehalten.

Bei der Überwachung von Anwendungen auf nicht landwirtschaftlich, forstwirtschaftlich oder gärtnerisch genutzten Flächen, auf denen die Anwendung von Pflanzenschutzmitteln nur mit einer behördlichen Genehmigung zulässig ist, wurden über 1.400 Flächen, z. B. Betriebs- oder Verkehrsflächen, überprüft und 1.021 Unternehmer und 551 Privatpersonen kontrolliert. Kontrollen auf Flächen, für die behördliche Genehmigungen vorlagen, führten in 8,2 % aller Fälle zu Beanstandungen (2012: 9,5 %). Bei der Kontrolle von Flächen, für die keine Anträge auf Genehmigung der Anwendung von Pflanzenschutzmitteln gestellt worden waren, wurde in 36,1 % der Fälle eine unzulässige Pflanzenschutzmittel-Anwendung festgestellt (2012: 43,2 %). Bei der Bewertung der hohen Anzahl von Verstößen ist zu berücksichtigen, dass viele Beanstandungen das Ergebnis von gezielten Kontrollen oder Anzeigen – sogenannten Anlasskontrollen – sind, die aufgrund von konkreten Verdachtsmomenten aufgenommen wurden. In vielen Fällen handelte es sich bei den Verstößen um von Laien begangene Zuwiderhandlungen. Die Beanstandungen machen deutlich, dass weiterhin eine intensive Aufklärungs- und Informationsarbeit erforderlich ist.

Das Pflanzenschutz-Kontrollprogramm ist ein bundesweit harmonisiertes Programm zur Überwachung pflanzenschutzrechtlicher Vorschriften. Darin haben die Länder vereinbart, ihre Überwachungsprogramme untereinander abzustimmen und nach einheitlichen Standards zu arbeiten. Für die Überwachung der Einhaltung der umfangreichen Bestimmungen zum Inverkehrbringen und zur Anwendung von Pflanzenschutzmitteln, Pflanzenstärkungsmitteln und Zusatzstoffen im Pflanzenschutzrecht sind die Länder zuständig. Verstöße werden nach dem Pflanzenschutzgesetz (PflSchG) in der Regel als Ordnungswidrigkeit geahndet. Unter der Geschäftsführung des Bundesamtes für Verbraucherschutz und Lebensmittelsicherheit (BVL) tagt regelmäßig die Arbeitsgemeinschaft Pflanzenschutzmittelkontrolle (AG PMK) mit Fachleuten der Länder, die Empfehlungen für solche Kontrollstandards in Form eines Handbuchs ausarbeitet und das Kontrollprogramm koordiniert. Vorrangiges Ziel der Verkehrs- und Anwendungskontrollen ist es, die Einhaltung pflanzenschutzrechtlicher Bestimmungen zu überwachen und die Missachtung von Vorschriften durch angemessene Maßnahmen abzustellen.

Mit dem Jahresbericht 2013 liegen die Ergebnisse aus 10 Jahren Pflanzenschutz-Kontrollprogramm vor. In dem Zeitraum gab es einige Veränderungen in der Kontrolltätigkeit der Länder. Das Kontrollprogramm musste an die neue Rechtsgrundlagen angepasst werden. Neue Kontrollschwerpunkte ergaben sich auch durch die Zulassung oder Genehmigung von Pflanzenschutzmitteln mit bestimmten Auflagen und Anwendungsbestimmungen oder durch die Aufdeckung illegaler Praktiken beim Handel oder der Anwendung von Pflanzenschutzmitteln.

Eine umfangreiche Überarbeitung des Pflanzenschutz-Kontrollprogramms erfolgte ab dem Jahr 2011, denn im Pflanzenschutz wurden Änderungen der rechtlichen Regelungen wirksam: Die Richtlinie 91/414/EWG des Rates vom 15. Juli 1991 über das Inverkehrbringen von Pflanzenschutzmitteln wurde am 14. Juni 2011 durch die Verordnung (EG) Nr. 1107/2009 abgelöst. Damit gilt das EU-Recht unmittelbar in Deutschland.

In der Verordnung (EG) Nr. 1107/2009 sind neben der Zulassung von Pflanzenschutzmitteln in einem „zonalen Verfahren" einheitliche Regelungen für parallel gehandelte Pflanzenschutzmittel festgelegt. Weiterhin wird das Inverkehrbringen von Pflanzenschutzmitteln und behandeltem Saatgut sowie die Verwendung von Pflanzenschutzmitteln geregelt. Hersteller, Händler und Anwender müssen Aufzeichnungen über hergestellte, gelagerte, in Verkehr gebrachte und angewendete Pflanzenschutzmittel führen. Die Verordnung (EG) Nr. 1107/2009 enthält allgemeine Vorgaben für Kontrollen in den Mitgliedstaaten; die Einzelheiten sollen in einer Kontrollverordnung festgelegt werden.

Zusätzlich mussten die rechtlichen Regelungen in Deutschland an die Vorgaben der Richtlinie 2009/128/EG des Europäischen Parlaments und des Rates vom 21. Oktober 2009 über einen Aktionsrahmen der Gemeinschaft für die nachhaltige Verwendung von Pestiziden angepasst werden. In der Richtlinie sind Vorgaben für die Fort- und Weiterbildung z. B. von Verkäufern, Beratern und Anwendern von Pflanzenschutzmitteln aufgeführt. Außerdem gibt es Auflagen für den Verkauf von Pflanzenschutzmitteln, die gemäß vorgegebener Fristen in das nationale Recht der einzelnen Mitgliedstaaten umgesetzt werden müssen. Die in Deutschland bereits seit Jahren geltende Pflicht zur Kontrolle von in Gebrauch befindlichen Pflanzenschutzgeräten findet zukünftig in der gesamten EU ihre Anwendung. Das Spritzen oder Sprühen von Pflanzenschutzmitteln mit Luftfahrzeugen ist nur noch in Ausnahmefällen und mit einer besonderen Genehmigung erlaubt.

Für die Beizung von Saatgut und die Ausbringung von Saatgut, das mit bestimmten Wirkstoffen (Imidacloprid, Clothianidin, Thiamethoxam, Fipronil) behandelt wird, wurden im Jahr 2010 und 2013 EU-weite Restriktionen durch die Richtlinie 2010/21/EU und die Durchführungsverordnung (EU) Nr. 485/2013 wirksam bzw. mussten in nationales Recht umgesetzt werden.

Berichte zu Pflanzenschutzmitteln 2013, DOI 10.1007/978-3-319-11567-2_2,
© Bundesamt für Verbraucherschutz und Lebensmittelsicherheit (BVL) 2015

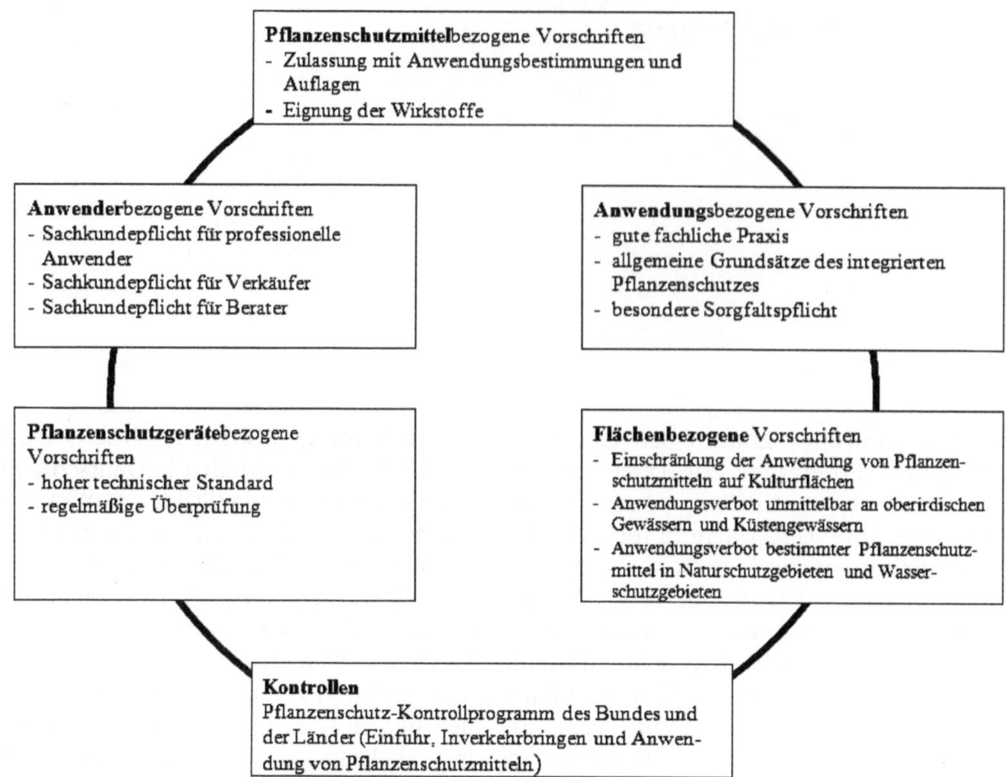

Abb. 2.1 Bestandteile des Systems zur bestimmungsgemäßen und sachgerechten Anwendung von Pflanzenschutzmitteln (Quelle: Nationaler Aktionsplan zur nachhaltigen Anwendung von Pflanzenschutzmitteln 2013 [Hrsg.: BMELV], http://www.nap-pflanzenschutz.de)

Im Bereich des illegalen Handels mit Pflanzenschutzmitteln wurde in den letzten Jahren die Zusammenarbeit zwischen dem Zoll und den Kontrollbehörden für Pflanzenschutzmittel intensiviert. Zur Unterstützung der Kontrolltätigkeit in den Bundesländern wurde im Jahr 2013 die Task Force „Illegaler Handel von Pflanzenschutzmitteln" im Bundesamt für Verbraucherschutz und Lebensmittelsicherheit eingerichtet.

Wie in Abbildung 2.1 dargestellt, ist das Pflanzenschutz-Kontrollprogramm als Bestandteil eines umfassenden Systems zu sehen, das die sachgerechte und bestimmungsgemäße Anwendung von Pflanzenschutzmitteln unter Einhaltung des hohen Schutzniveaus für die Gesundheit von Mensch und Tier und den Naturhaushalt zum Ziel hat. Neben der Prüfung und Zulassung von Pflanzenschutzmitteln bilden die Anforderungen an die Qualifikation der Verkäufer und Anwender, die Verwendung geprüfter Geräte, die Beratungstätigkeiten der Behörden und Verbände sowie die Kontrollen durch die Länder ein engmaschiges Netz zur Risikominimierung.

Mit dem vorliegenden Bericht werden die Ergebnisse des Pflanzenschutz-Kontrollprogramms für das Kontrolljahr 2013 dargestellt und damit dieser Überwachungsbereich der Öffentlichkeit zugänglich gemacht. Die Ergebnisse des Kontrollprogramms werden unter anderem genutzt, um Schwerpunkte bei der Aufklärung und Beratung in den Bundesländern zu identifizieren und länderspezifische und bundesweite Kontrollschwerpunkte festzulegen.

Auf der Basis mehrjähriger Beobachtungen sollen zudem Rückschlüsse gezogen werden, ob die bestehenden Rechtsgrundlagen angepasst werden müssen, um eine zulassungskonforme Produktion, das ordnungsgemäße Inverkehrbringen und die sachgerechte Anwendung von Pflanzenschutzmitteln sicherstellen zu können. Mit den zusammengefassten Daten der Länder erfüllt die Bundesrepublik Deutschland überdies ihre Berichtspflichten gegenüber der Europäischen Kommission gemäß der Verordnung (EG) Nr. 1107/2009.

Die Länder sind zuständig für die Überwachung der Vorschriften der Verordnung (EG) Nr. 1107/2009 über das Inverkehrbringen von Pflanzenschutzmitteln, des Pflanzenschutzgesetzes (PflSchG) und der hierauf basierenden bundesweiten Verordnungen (Pflanzenschutz-Anwendungsverordnung, Pflanzenschutz-Geräteverordnung, Pflanzenschutz-Sachkundeverordnung) sowie weiterführender Länderregelungen.

Die Kontrollen zum Inverkehrbringen und der Anwendung von Pflanzenschutzmitteln werden in den Ländern von den zuständigen Behörden als Teil der fachrechtsbezogenen Kontrollaufgaben durchgeführt. In Kapitel 8 sind die Behörden aufgelistet, die die Verkehrs- und Anwendungskontrollen durchführen. Daneben wirken die Zollstellen, das Julius Kühn-Institut und das BVL bei der Überwachung mit. Zu den Aufgaben der Länder gehören die Festlegung länderspezifischer Kontrollschwerpunkte, die Planung und Durchführung der Kontrollen, die Verfolgung und Ahndung von Ordnungswidrigkeiten sowie die Aufbereitung und Weiterleitung der Daten an das BVL zur Erstellung eines jährlichen Berichts auf der Grundlage der Länderdaten. Das BVL übernimmt die analytisch-chemische Untersuchung von Pflanzenschutzmittelproben, die im Handel gezogen werden. Kontrollen bei der Einfuhr von Pflanzenschutzmitteln in die EU werden vom Zoll, in Zusammenarbeit mit den Pflanzenschutzdiensten, vorgenommen.

Das Pflanzenschutz-Kontrollprogramm wird gemeinsam vom Bund und den Ländern durchgeführt. Die Koordinierung der Arbeiten und Umsetzung der Kontrollen erfolgt durch die Arbeitsgemeinschaft Pflanzenschutzmittelkontrolle (AG PMK) bzw. deren Mitarbeitern. Die Gruppe setzt sich aus Spezialisten der Pflanzenschutzdienste aller Länder sowie des BVL zusammen; die Geschäftsführung liegt beim BVL. Zu bestimmten Themen gibt es zusätzliche Arbeitsgruppen. Zu den Arbeitsgruppensitzungen können weitere Fachleute geladen werden; so setzt sich die AG Rückstände und Analytik im Wesentlichen aus Experten für Pflanzenschutzmittelanalysen zusammen. Die AG PMK hat für das Pflanzenschutz-Kontrollprogramm ein Handbuch erstellt, das als Leitfaden für die praktische Durchführung der Pflanzenschutzkontrollen zu verstehen ist. Es beinhaltet Informationen über die verschiedenen Rechtsgrundlagen und Kontrollbereiche, Vorgaben zu den einzelnen Prüftatbeständen, Aussagen zum Kontrollumfang sowie Hinweise zur Berichterstattung. Die dort genannten Methoden und Muster-Kontrollbögen dienen als Grundlage zur Erstellung von Arbeitsanweisungen und Kontrollverfahren in den einzelnen Bundesländern. Das Handbuch wird in regelmäßigen Abständen überprüft und den aktuellen, insbesondere gesetzlichen Entwicklungen angepasst. Die aktuell gültige Fassung kann von der Internetseite des BVL abgerufen werden: http://www.bvl.bund.de/psmkontrollprogramm. Weitere Aufgaben der AG PMK sind der regelmäßige Erfahrungsaustausch über aktuelle Verdachtsfälle und die Kontrollpraxis sowie die Erarbeitung von Vorschlägen für die jährlichen bundesweiten Kontrollschwerpunkte.

Berichte zu Pflanzenschutzmitteln 2013, DOI 10.1007/978-3-319-11567-2_3,
© Bundesamt für Verbraucherschutz und Lebensmittelsicherheit (BVL) 2015

Art und Umfang der Kontrollen

Die Länder stellen jährlich Kontrollpläne für die Verkehrs- und Anwendungskontrollen innerhalb des bundesweit geltenden Rahmens auf. Generell finden Kontrollen in folgenden Bereichen statt:

- Überwachung der Einfuhr und des Inverkehrbringens von Pflanzenschutzmitteln, Pflanzenstärkungsmitteln und Zusatzstoffen einschließlich der Kontrolle der Zusammensetzung und der physikalischen, chemischen und technischen Eigenschaften von Pflanzenschutzmitteln,
- Überwachung der Anwendung von Pflanzenschutzmitteln im landwirtschaftlichen, gärtnerischen und forstwirtschaftlichen Bereich,
- Überwachung der Anwendung von Pflanzenschutzmitteln auf Freilandflächen, die nicht landwirtschaftlich, gärtnerisch oder forstwirtschaftlich genutzt werden sowie die Überwachung der Anwendung von Pflanzenschutzmitteln auf Flächen, die für die Allgemeinheit bestimmt sind.

Innerhalb dieser Bereiche werden sogenannte „Kontrolltatbestände" eingeführt, denen klar definierte Anforderungen zugrunde liegen. In Kapitel 6 sind die einzelnen Tatbestände der Kontrollbereiche näher erläutert.

4.1 Planung der Kontrollen

Handelsbetriebe geben Pflanzenschutzmittel zunehmend auf verschiedenen Vertriebswegen ab. Die Verkehrskontrollen erfolgen deshalb in allen Tätigkeitsfeldern eines Händlers:

- Großhändler, die nicht direkt an Anwender abgeben, sondern an Wiederverkäufer,
- Händler, bei denen ausschließlich professionelle Anwender einkaufen,
- Einzelhändler, die Pflanzenschutzmittel an professionelle Anwender und/oder an nicht sachkundige Anwender (Pflanzenschutzmittel zur Anwendung im Haus- oder Kleingarten) abgeben,

- Versandhändler und Internetanbieter, die an professionelle Anwender und nicht sachkundige Anwender verkaufen.

Regional gibt es große Unterschiede bei der Anzahl und Art der Verkaufsstellen: In städtischen Regionen sind überwiegend Baumärkte oder Gartencenter zu kontrollieren, während im ländlichen Raum vor allem Genossenschaften (z. B. Raiffeisenmärkte) und Landhandelsunternehmen überprüft werden. Insgesamt sind bei den Pflanzenschutzdiensten 12.290 Verkaufsstellen registriert (Stand: April 2014).

Zu den Verkehrskontrollen gehört auch die Zusammenarbeit mit Zollstellen bei der Ein- und Ausfuhr von Pflanzenschutzmitteln in das Gebiet der EU. Unter bestimmten Fragestellungen wird das sogenannte innergemeinschaftliche Verbringen von Mitteln nachverfolgt oder Anwender in landwirtschaftlichen oder gärtnerischen Betrieben überprüft, die Pflanzenschutzmittel direkt in Mitgliedstaaten der EU oder in Drittstaaten erworben haben.

Die Häufigkeit der Kontrollen bei Handelsbetrieben richtet sich nach dem Pflanzenschutzmittelabsatz und Hinweisen aus Kontrollen der Vorjahre. Bei der Planung der Anwendungskontrollen werden die länderspezifischen Gegebenheiten berücksichtigt. Hierzu gehören beispielsweise:

- Betriebsgrößen,
- Betriebszahlen,
- Anbauschwerpunkte.

Nach einer Erhebung aus dem Jahr 2011 gibt es insgesamt in Deutschland rund 293.900[1] Betriebe der Landwirtschaft, des Gartenbaus und der Forstwirtschaft. Im Saarland findet man nur rund 1.300[1] Betriebe, während der Flächenstaat Bayern mit rund 96.300[1] Betrieben den Spitzenreiter darstellt. Neben der Zahl der Betriebe in den einzelnen Ländern schwanken auch die Betriebsgrößen. Sie reichen von Flächen unter einem Hektar, die im Nebener-

---

[1] Statistisches Bundesamt (2012) Statistisches Jahrbuch für die Bundesrepublik Deutschland 2012, Wiesbaden

werb bewirtschaftet werden, bis zu Betrieben mit mehreren Tausend Hektar, vor allem in den neuen Bundesländern. Besonders deutlich werden die unterschiedlichen Betriebsgrößen, wenn man z. B. Mecklenburg-Vorpommern und Niedersachsen vergleicht. Obwohl die Landwirtschaftsfläche in Niedersachsen nur doppelt so groß ist wie in Mecklenburg-Vorpommern, gibt es in Niedersachsen 9-mal mehr landwirtschaftliche Betriebe (Niedersachsen: 41.500, Mecklenburg-Vorpommern: 4.600).

Die Anzahl und Art der Kontrollen in den Bundesländern richtet sich auch nach dem Anteil der landwirtschaftlichen Fläche an der Gesamtfläche. Von der Gesamtfläche Deutschlands entfallen auf die Landwirtschaftsflächen 52 %. In Berlin liegt der Anteil der landwirtschaftlichen Nutzfläche beispielsweise nur bei rund 4 %[1] der Landesfläche. Daher liegt hier ein Schwerpunkt auf der Kontrolle von Freilandflächen, die nicht landwirtschaftlich, forstwirtschaftlich oder gärtnerisch genutzt werden (z. B. Betriebs- oder Verkehrsflächen). Das Land mit dem größten Anteil an Landwirtschaftsflächen ist Schleswig-Holstein mit 70 %[1].

Die angebauten Kulturen unterscheiden sich regional ebenfalls stark. Deutlich werden diese Unterschiede z. B. bei Dauerkulturen wie Obstanlagen oder Weinreben. Obwohl bundesweit nur rund 1 %[1] der landwirtschaftlichen Nutzfläche aus Dauerkulturen besteht, können die Obstanbaugebiete (z. B. am Bodensee oder im „Alten Land") oder die Weinbaugebiete vor Ort große Flächen einnehmen. Die statistischen Angaben zur Flächennutzung und zu Betriebskennzahlen beziehen sich auf Erhebungen aus dem Jahr 2011.

Neben den regionalen Besonderheiten werden bei der Planung der Kontrollen u. a. folgende Kriterien berücksichtigt:

- Hinweise auf Verstöße aus den Kontrollen der Vorjahre,
- Hinweise auf die Anwendung unzulässiger Pflanzenschutzmittel aufgrund von Rückstandsfunden der Lebensmittelüberwachung,
- Intensität des Pflanzenschutzmitteleinsatzes in den verschiedenen Kulturen,
- Änderung der Zulassungssituation von Pflanzenschutzmitteln,
- Ergebnisse aus dem Grundwassermonitoring der Länder.

Zusätzlich zu länderspezifischen Kontrollplanungen werden jährlich Schwerpunkte für bundesweite Kontrollen festgelegt. Die Ergebnisse der Schwerpunktkontrollen bei der Anwendung von Pflanzenschutzmitteln des Jahres 2013 sind in den Abschnitten 6.3.1 und 6.3.2 beschrieben.

Überblick: Kontrollschwerpunkte im Pflanzenschutz-Kontrollprogramm 2004 – 2013

Die bundesweiten Schwerpunktkontrollen werden durch die Länder beschlossen. Die Festlegung erfolgt beispielsweise aufgrund von Auffälligkeiten in Kontrollen der Vorjahre oder aufgrund von Hinweisen aus der Lebensmittel- oder Umweltüberwachung.

Die ausführliche Darstellung im Jahresbericht gewährt einen Einblick in die Kontrolltätigkeiten der Länder und die (Fach-)Öffentlichkeit wird für das Thema sensibilisiert. Bei einigen Schwerpunkten wurde vereinbart, parallel zur Kontrolltätigkeit auch die Beratung bzw. die gezielte Information bestimmter Zielgruppen über das Inverkehrbringen oder die Anwendung von Pflanzenschutzmitteln zu intensivieren.

Seit Bestehen des Pflanzenschutz-Kontrollprogramms gab es folgende Kontrollschwerpunkte:

- Produktqualität von PSM: Zusammensetzung, physikalisch-chemische und technische Eigenschaften von Pflanzenschutzmitteln, die bestimmte Wirkstoffe enthalten. Die Wirkstoffe werden jedes Jahr neu festgelegt (seit 2004)
- Einhaltung von Mindestabständen zu Gewässern (2005 – 2007)
- Zulässigkeit angewendeter Pflanzenschutzmittel im Beerenobst (2005 und 2006)
- Zulässigkeit angewendeter Insektizide in Gemüse und Salat (2007 – 2009)
- Anwendung von Pflanzenschutzmitteln auf nicht landwirtschaftlich/gärtnerisch genutzten Flächen (2008 – 2010)
- Zulässigkeit angewendeter Pflanzenschutzmittel in Zierpflanzen (2010 – 2012)
- Zulässigkeit angewendeter Pflanzenschutzmittel in Kernobst (2011 – 2013)
- Einhaltung von Anwendungsbestimmungen zum Gewässerschutz (2013 – 2015)

4.2 Art der Kontrollen

Im Pflanzenschutz-Kontrollprogramm wird zwischen systematischen Kontrollen und Anlasskontrollen unterschieden.

Systematische Kontrollen erfolgen nach einem vorab erstellten Plan. Sie bieten die Möglichkeit, ein breites Spektrum von einzelnen Kontrolltatbeständen (z. B. bei Betriebskontrollen) sowie eng abgegrenzte Sachverhalte im Sinne einer risikobasierten Schwerpunktkontrolle (z. B. Kontrolle der Einhaltung von Anwendungsverboten durch Bodenuntersuchungen nach der Anwendung) zu überprüfen. Während einige Kontrolltatbestände zu jeder Zeit überprüft werden können (z. B. Sachkunde des Anwenders oder gültige Prüfplakette auf dem Pflanzenschutzgerät), ergibt sich bei anderen Tatbeständen erst bei der Vor-Ort-Besichtigung, ob eine Kontrolle möglich ist.

Anlasskontrollen dienen dagegen der Feststellung oder Aufklärung von offensichtlichen oder vermuteten Verstößen gegen das Pflanzenschutzrecht. Hierzu gehören beispielsweise Kontrollen nach Anzeigen sowie Wiederholungskontrollen in Betrieben, bei denen Mängel bei vorherigen Inspektionen festgestellt wurden. Zeigen sich auffällige Ergebnisse bei Rückstandsuntersuchungen im Rahmen der Lebensmittelüberwachung (z. B. Nachweise von Wirkstoffen, die für den Einsatz in einer Kultur nicht zugelassen oder genehmigt sind), können zudem gezielt Kontrollen im Erzeugerbetrieb durchgeführt werden. Es liegt in der Natur der Sache, dass bei Anlasskontrollen häufiger Verstöße festzustellen sind als bei systematischen Kontrollen.

Werden bei einer systematischen Kontrolle Auffälligkeiten festgestellt, kann dies der Anlass für zusätzliche Kontrollen sein. So können z. B. in Lagern aufgefundene Pflanzenschutzmittel, deren Anwendung verboten ist, dazu führen, dass auf den betriebseigenen Flächen Bodenproben entnommen werden. Mithilfe der Analyse von Pflanzen- oder Bodenproben wird geprüft, ob eine verbotene Anwendung stattgefunden hat.

4.3 Umfang der Kontrollen

Überwachung der Zusammensetzung und der physikalischen, chemischen und technischen Eigenschaften von Pflanzenschutzmitteln

Im Handel werden stichprobenartig Proben von Pflanzenschutzmitteln entnommen und analysiert, um zu überprüfen, ob die Zusammensetzungen der Mittel den Vorgaben aus der Zulassung entsprechen. Im Jahr 2013 wurden 132 Pflanzenschutzmittel (Planproben) untersucht, die die Wirkstoffe Prothioconazol, S-Metolachlor oder Thiamethoxam enthalten. Zusätzlich wurden 28 Pflanzenschutzmittel analysiert, bei denen ein Verdacht bestand, dass die Mittelzusammensetzung von der Zulassung abweicht.

Handelsbetriebe

Im Jahr 2013 wurden 2.374 Handelsbetriebe kontrolliert. Bei 12.290 angezeigten Betrieben (Stand: April 2014) ergibt sich eine Kontrollquote von 19,3 %.

Betriebe der Landwirtschaft, der Forstwirtschaft oder des Gartenbaus

Im Jahr 2013 wurden insgesamt 5.310 Betriebe der Landwirtschaft, der Forstwirtschaft oder des Gartenbaus kontrolliert. Diese Kontrollen setzen sich aus 2.259 Betriebskontrollen und 3.162 Anwendungskontrollen zusammen. Bei diesen Kontrollen wurden 2.977 Proben (Boden, Pflanzen oder Behandlungsflüssigkeiten) untersucht. Bei 293.900 landwirtschaftlichen Betrieben in Deutschland (Stand: 2011) ergibt sich eine Kontrollquote von rund 1,8 % der Betriebe.

Anwendung von Pflanzenschutzmitteln auf befestigten Freilandflächen und sonstigen Freilandflächen, die weder landwirtschaftlich noch forstwirtschaftlich oder gärtnerisch genutzt werden

Im Jahr 2013 wurden über 1.400 Flächen, z. B. Betriebs- oder Verkehrsflächen, überprüft und 1.021 Unternehmer und 551 Privatpersonen kontrolliert.

5.1 Maßnahmen, die bei Beanstandungen getroffen werden können

Werden bei den Kontrollen Verstöße gegen das Pflanzenschutzgesetz festgestellt, stehen den Kontrollbehörden verschiedene Optionen zur Verfügung, um hierauf zu reagieren:

- Aufklärung des kontrollierten Unternehmens/der kontrollierten Person über festgestellte Mängel, verbunden mit einer Beratung über den korrekten Umgang mit Pflanzenschutzmitteln oder Pflanzenschutzgeräten.
- Verwarnung, ggf. unter Zahlung eines Verwarnungsgeldes.
- Bei Beanstandungen kann vor Ort eine Anordnung getroffen werden, um Mängel sofort abzustellen. Das kann z. B. eine Anordnung zur sofortigen Beendigung einer Anwendung eines Pflanzenschutzmittels mit einer defekten Spritze sein. Es kann auch angeordnet werden, dass ein Betrieb bestimmte Pflanzenschutzmaßnahmen vorab beim Pflanzenschutzdienst anzeigt.
- Verstöße gegen das Pflanzenschutzrecht können als Ordnungswidrigkeit verfolgt und mit einem Bußgeld bis zu einer Höhe von 50.000 € geahndet werden (§ 68 PflSchG). Pflanzen, Pflanzenerzeugnisse, Kultursubstrate, Pflanzenschutzmittel, Pflanzenstärkungsmittel und Zusatzstoffe können durch die Behörden eingezogen werden.
- In besonders schweren Fällen kann nach Strafrecht verfahren und von der Staatsanwaltschaft eine Freiheitsstrafe bis zu 5 Jahren oder eine Geldstrafe verhängt werden (§ 69 PflSchG).

Bei der Wahl der Maßnahmen werden verschiedene Faktoren berücksichtigt:

- Schwere, Ausmaß, Dauer und Häufigkeit des Verstoßes, Vorsatz oder Fahrlässigkeit,
- mögliche Folgen für die Gesundheit von Menschen und Tieren oder für die Umwelt,
- Ursache für den Verstoß, z. B. Unwissenheit, Fahrlässigkeit oder wissentliches Handeln entgegen den gesetzlichen Bestimmungen (Vorsatz). Bei besonders offensichtlichem Vorgehen oder bei wiederholt festgestellten Verstößen wird vorsatzgleiches Handeln angenommen.

Wurde ein Unternehmen beanstandet, kann eine wiederholte Kontrolle erfolgen, um zu überprüfen, ob die Mängel abgestellt wurden und entsprechend den Vorgaben des Pflanzenschutzgesetzes gehandelt wird.

Ordnungswidrigkeitsverfahren ziehen sich häufig über einen längeren Zeitraum hin, vor allem dann, wenn umfangreichere Ermittlungen zur Klärung von Tatbeständen erforderlich oder analytische Befunde oder Einspruchs- und Gerichtsverfahren anhängig sind. Die Angaben zur Höhe von erteilten Bußgeldern im Ergebnisteil dieses Jahresberichts spiegeln daher die Spannbreite aller im Kontrolljahr rechtskräftig abgeschlossener Ordnungswidrigkeitsverfahren wider. Das bedeutet, dass einerseits die Angaben auf Bußgeldverfahren der Vorjahre beruhen können, die 2013 abgeschlossen wurden, und andererseits Ergebnisse einiger Verfahren aus dem Jahr 2013 noch nicht aufgeführt werden konnten, da diese noch nicht rechtskräftig abgeschlossen sind.

Die Anzahl der Beanstandungen in den Ergebniskapiteln enthalten auch die noch laufenden Verfahren. Nach Abschluss des Verfahrens kann sich eine zunächst angenommene Beanstandung nachträglich als nichtig herausstellen.

5.2 Weitere mögliche Konsequenzen für beanstandete Betriebe

Werden bei einem Anwender Verstöße gegen das Pflanzenschutzgesetz festgestellt, kann das zusätzlich Auswirkungen auf die Zahlung von Fördergeldern haben. Die EU gewährt Direktzahlungen für verschiedene Maßnahmen zur Entwicklung des ländlichen Raumes nach der

Berichte zu Pflanzenschutzmitteln 2013, DOI 10.1007/978-3-319-11567-2_5,
© Bundesamt für Verbraucherschutz und Lebensmittelsicherheit (BVL) 2015

Verordnung (EG) Nr. 73/2009 (Cross-Compliance). Die Gewährung von Direktzahlungen ist an die Einhaltung von Vorschriften in den Bereichen Umwelt, Lebensmittel- und Futtermittelsicherheit sowie Tiergesundheit und Tierschutz (Cross-Compliance) geknüpft, die auch Vorschriften zum Pflanzenschutz beinhalten. Die wesentlichen Durchführungsbestimmungen zu den Cross-Compliance-Verpflichtungen finden sich in der Verordnung (EG) Nr. 1122/2009. Die Einhaltung der Vorschriften wird durch ein integriertes Verwaltungs- und Kontrollsystem überprüft.

Gemäß der Verordnung (EG) Nr. 1122/2009 sollen 1 % der Betriebsinhaber kontrolliert werden, die Beihilfeanträge für Direktzahlungen gemäß der Verordnung (EG) Nr. 73/2009 gestellt haben. Von Bedeutung ist dabei, dass Verstöße gegen Cross-Compliance-Verpflichtungen, die bei Kontrollen im Rahmen des Pflanzenschutz-Kontrollprogramms durch die Fachbehörden festgestellt werden (Cross-Checks), ebenfalls zu Prämienkürzungen führen. Bei Fahrlässigkeit findet in der Regel eine Kürzung bis 3 % (maximal 5 %) statt, bei wiederholten Verstößen bis 15 %. Bei vorsätzlichen Verstößen beträgt die Kürzung mindestens 20 % bis hin zum vollständigen Ausschluss der Beihilfen für ein oder mehrere Jahre.

Cross-Compliance ersetzt nicht das deutsche Fachrecht (das Pflanzenschutzrecht im Zusammenhang mit dem Pflanzenschutz-Kontrollprogramm). Deshalb sind neben den Cross-Compliance-Verpflichtungen die bestehenden Verpflichtungen, die sich aus dem Pflanzenschutzrecht ergeben, auch weiterhin einzuhalten, selbst wenn sie die Cross-Compliance-Anforderungen übersteigen. Ahndungen nach dem deutschen Pflanzenschutzgesetz (Ordnungswidrigkeiten) erfolgen zusätzlich und unabhängig von Prämienkürzungen.

Als Folge von Kontrollen können auch Ermittlungen auf der Grundlage weiterer Rechtsvorschriften eingeleitet werden. Die Pflanzenschutzdienste arbeiten hierzu beispielsweise mit Umwelt- und Naturschutzbehörden oder der Lebensmittelüberwachung zusammen.

Bei Kontrollen zum Import oder zur Durchfuhr/Transit von Pflanzenschutzmitteln können Verstöße gegen Kennzeichnungsvorschriften oder das Patentrecht aufgedeckt werden, deren weitere Verfolgung und Ahndung an die für das Chemikalienrecht zuständigen Behörden oder an die Staatsanwaltschaft abgegeben werden. Ermittlungen beim gewerbsmäßigen Handeln mit illegalen Pflanzenschutzmitteln werden in Zusammenarbeit mit der Polizei durchgeführt.

6.1 Überwachung der Zusammensetzung und der physikalischen, chemischen und technischen Eigenschaften von Pflanzenschutzmitteln

Die Pflanzenschutzdienste der Länder entnehmen Pflanzenschutzmittelproben im Handel, die durch das BVL analysiert werden. Untersucht wird, ob Wirkstoffgehalt, Gehalte an Beistoffen und Verunreinigungen sowie physikalische, chemische und technische Eigenschaften den bei der Zulassung zugrunde gelegten Angaben zur Zusammensetzung und den einzuhaltenden Bedingungen entsprechen. Dadurch soll geprüft werden, ob die im Handel befindlichen Pflanzenschutzmittel zulassungskonform sind und ob lagerungsbedingte Qualitätsverluste auftreten.

6.1.1 Pflanzenschutzmittel, die bestimmte Wirkstoffe enthalten (Planproben)

Für das Jahr 2013 wurde festgelegt, dass stichprobenartig die Zusammensetzung von Pflanzenschutzmitteln untersucht wird, die die Wirkstoffe Prothioconazol oder S-Metolachlor enthalten. Die Bundesländer Berlin, Hamburg und Bremen sollten Pflanzenschutzmittel mit dem Wirkstoff Thiamethoxam aus dem Handel entnehmen.

Es sollten dabei sowohl vom BVL zugelassene Originalprodukte als auch parallel gehandelte Pflanzenschutzmittel überprüft werden. Für diese Kontrollen wurden Pflanzenschutzmittelpackungen im Groß- und Einzelhandel entnommen, an das Referat „Produktchemie und Analytik" des BVL gesandt und im dortigen Labor für Formulierungschemie untersucht. Die Planproben wurden auf die folgenden Prüfparameter untersucht:

- Wirkstoffgehalt,
- Gehalt des Beistoffes Naphthalin,
- Gehalt der relevanten Verunreinigungen Atrazin, Propazin, Simazin und Toluol,
- Gehalt des Fremdstoffes Benzol,

- bei flüssigen Formulierungen: Dichte als aussagekräftiges Identitätskriterium,
- bei Emulsionskonzentraten: Emulsionsstabilität als aussagekräftiges Kriterium,
- Farbe.

Von den insgesamt 132 untersuchten Planproben stammten 3 Proben aus dem Parallelhandel (2,3 %). Im Jahr 2012 betrug der Anteil des Parallelhandels am Inlandsabsatz von Pflanzenschutzmitteln 6,3 %.

Ergebnis der Untersuchungen

Bei den untersuchten Pflanzenschutzmitteln wurden weder Abweichungen in den Gehalten der analysierten Wirkstoffe, Beistoffe, Verunreinigungen und Fremdstoffe noch bei den untersuchten physikalischen, chemischen und technischen Prüfparametern festgestellt. Die Zusammensetzung aller untersuchten Planproben entsprach auf der Basis der analysierten Prüfparameter den Vorgaben (siehe Tab. 6.1 und 6.2).

Die in Tabelle 6.2 genannten Quoten haben aufgrund der zugrunde gelegten geringen Probenzahlen keine statistische Aussagekraft, sondern geben nur einen Trend wieder.

6.1.2 Verdachtsproben

Bei Beschwerden, bei von der amtlichen Überwachung festgestellten Auffälligkeiten oder bei Unregelmäßigkeiten werden von den Ländern im Rahmen von Anlasskontrollen im Großhandel, im Einzelhandel oder auf der Erzeugerstufe Verdachtsproben genommen. Im Jahr 2013 wurden insgesamt 28 Verdachtsproben im BVL analysiert. Die Pflanzenschutzmittel enthielten 19 verschiedene Wirkstoffe: 1-Methylcyclopropen, Propaquizafop, Metamitron, Captan, Deltamethrin, Phenmedipham, Desmedipham, Ethofumesat, Difenoconazol, Lambda-Cyhalothrin, Nicosulfuron, Clomazone, Metazachlor, Mesotrione, Terbuthylazin, Dimethenamid, Prosulfuron, Isoproturon und Abamectin.

Berichte zu Pflanzenschutzmitteln 2013, DOI 10.1007/978-3-319-11567-2_6,
© Bundesamt für Verbraucherschutz und Lebensmittelsicherheit (BVL) 2015

Im Einzelfall wurde entschieden, welche Parameter zur Klärung des Verdachtes zu untersuchen waren. In den meisten Fällen waren dies der Wirkstoffgehalt und Wirkstoffverunreinigungen sowie bei flüssigen Formulierungen die Dichte. Je nach Fragestellung wurden als weitere Parameter der Gehalt an ausgesuchten Beistoffen wie Lösungsmittel, Frostschutzmittel, Netzmittel und physikalische, chemische und technische Eigenschaften wie Emulsionsstabilität, pH-Wert, Oberflächenspannung, Suspendierbarkeit oder Schaumbeständigkeit untersucht.

Ergebnis der Untersuchungen

Aufgrund eines Verdachts wurden 28 Pflanzenschutzmittelgebinde untersucht. Davon wiesen 14 Gebinde Mängel auf.

2 Pflanzenschutzmittel wurden wegen phytotoxischer Schäden nach der Anwendung an Apfelbäumen untersucht. Bei den gemessenen Parametern konnten keine Abweichung zwischen der Verdachtsprobe und dem im BVL vorhandenen Referenzmittel festgestellt werden.

8 zugelassene Mittel wurden aufgrund eines Verdachts auf fehlerhafte Zusammensetzung dem BVL übergeben. Bei diesen Proben waren die Wirkstoffgehalte sowie bei Captan-haltigen Mitteln die Verunreinigungen an Folpet oder die Verunreinigungen verschiedener Pflanzenschutzmittel mit Atrazin, Simazin und Propazin zu untersuchen. Ein Pflanzenschutzmittel erwies sich wegen eines überhöhten Nicosulforongehaltes als nicht verkehrsfähig.

12 Verdachtsproben betrafen parallel gehandelte Mittel, bei denen der Verdacht bestand, dass die erteilten Genehmigungen missbraucht wurden, um andere als die genehmigten Pflanzenschutzmittel in Verkehr zu bringen. Bei 5 dieser Proben konnten keine unzulässige Abweichung nachgewiesen werden. Bei den übrigen 7 Proben wurden Abweichungen von der zulässigen Zusammensetzung festgestellt, die insbesondere Wirkstoffe, Frostschutzmittel und organische Lösungsmittel betrafen. In einem Fall war das Pflanzenschutzmittel nicht mehr homogenisierbar.

5 Pflanzenschutzmittel wurden zur Untersuchung eingeschickt, weil sie in Deutschland weder zugelassen noch genehmigt waren. Die Untersuchungen ergaben keine unzulässigen Abweichungen bei den deklarierten Wirkstoffgehalten. Auch die Höchstgrenzen der untersuchten Verunreinigungen wurden eingehalten.

In einer Spraydose war der Wirkstoff 1-Methyl-cyclopropen zu untersuchen. Der Wirkstoff konnte nicht nachgewiesen werden.

6.1.3 Tabellarische Übersicht der Analysen und Ergebnisse

In Tabelle 6.1 ist aufgeschlüsselt, wie sich die 160 untersuchten Pflanzenschutzmittelgebinde auf die unterschiedlichen Probenarten verteilen. Den größeren Anteil bilden die Planproben, die die Wirkstoffe Prothioconazol, S-Metolachlor oder Thiamethoxam enthielten. Aufgrund eines Verdachts oder konkreten Anlasses wurden 28 Pflanzenschutzmittel untersucht. Tabelle 6.2 gibt einen Überblick über durchgeführte Analysen und beanstandete Parameter.

Tab. 6.1 Prüfung auf Produktqualität im Jahr 2013 – Übersicht der Proben mit Mängeln in der Zusammensetzung und Beschaffenheit

	Kontrollen	Mängel
Anzahl untersuchter Wirkstoffe	22	–
Anzahl kontrollierter Pflanzenschutzmittel	160	14 (8,8 %)
davon systematische Kontrollen (Planproben)	132	0 (0 %)
davon zugelassene Mittel	129	0 (0 %)
davon parallel gehandelte Mittel	3	0 (0 %)
davon Anlasskontrollen (Verdachtsproben)	28	14 (50,0 %)
davon aufgrund von Schäden	2	0 (0 %)
davon Verdacht auf fehlerhafte Zusammensetzung zugelassener Mittel	8	1 (12,5 %)
davon Verdacht auf illegalen Parallelhandel	12	7 (58,3 %)
davon sonstige	6	6 (100 %)

Tab. 6.2 Durchgeführte Analysen und festgestellte Abweichungen von den Zulassungsdaten bei Proben aus dem Pflanzenschutz-Kontrollprogramm im Jahr 2013

Analysenparameter	Planproben		Verdachtsproben	
	Analysen	Mängel	Analysen	Mängel
Art des Wirkstoffs[a]	132	0	30	0
Gehalt des Wirkstoffs[a]	132	0	30	4
Verunreinigungen/ Fremdstoffe	170	0	160	2
Beistoffe	11	0	17	10
physikalische, chemische, technische Eigenschaften	354	0	71	5
Screening (GC/MS)	0	0	2	0
Insgesamt	667[a]	0	280[a]	21

[a] Die qualitative und quantitative Bestimmung des Wirkstoffs gilt als **eine** Bestimmung pro Probe.

6.2   Verkehrskontrollen (Kontrollen im Handel)

Verkehrskontrollen erfolgen in der Regel unangemeldet. Überprüft werden sowohl der Groß- und Einzelhandel als auch der Versand- und Internethandel. Die Kontrollen erfassen einen großen Anteil der Handelsbetriebe, um besonders dem Risiko des Einkaufs und des Anwendens nicht zugelassener Pflanzenschutzmittel entgegenzuwirken. Damit nehmen die Kontrollen der Handelsbetriebe eine Schlüsselstellung im Pflanzenschutz-Kontrollprogramm ein. Im Jahr 2013 wurden insgesamt 2.374 Betriebe kontrolliert. Bei 12.290 angezeigten Betrieben (Stand: April 2014) ergibt sich eine Kontrollquote von 19,3 %.

6.2.1   Zulassung von Pflanzenschutzmitteln

Pflanzenschutzmittel dürfen nur in den Verkehr gebracht werden, wenn sie vom BVL zugelassen sind. Seit 2012 gilt nach Zulassungsende eine sechsmonatige Abverkaufsfrist für Ware, die sich zum Zeitpunkt des Zulassungsendes bereits im freien Verkehr befunden hat, es sei denn, die Zulassung wurde von Amts wegen widerrufen. Pflanzenschutzmittel, die in anderen Mitgliedstaaten der EU zugelassen sind und mit hier zugelassenen Mitteln identisch sind, benötigen eine Genehmigung des BVL für den Parallelhandel. Pflanzenschutzmittel dürfen aus Staaten außerhalb der EU nur über die Zollstellen eingeführt werden, die für die Ein- und Ausfuhr von Pflanzenschutzmitteln aus oder in Drittstaaten bekannt gegeben sind.

In Tabelle 6.3 ist die Anzahl der Betriebe aufgeführt, in denen die Zulassung der angebotenen Mittel überprüft wurde sowie die Anzahl der beanstandeten Betriebe. Es wurde in 2.119 Betrieben überprüft, ob nur verkehrsfähige Pflanzenschutzmittel, Pflanzenstärkungsmittel und Zusatzstoffe vertrieben werden. Bei insgesamt 24,8 % der Betriebe wurden Verstöße festgestellt (2012: 20,5 %) und Bußgelder bis zu 15.000 € festgesetzt. Insgesamt wurden 86.972 Mittel kontrolliert und 1.415 Mittel (1,6 %) beanstandet. Bei den beanstandeten Betrieben handelt es sich zu einem Großteil um Händler, die Mittel für den Haus- und Kleingartenbereich abgeben (z. B. Baumärkte, Blumenläden, Drogerien). Bei einem großen Anteil der beanstandeten Mittel war die Zulassung vor Kurzem (kürzer als ein Jahr) ausgelaufen und die Gebinde wurden nicht deutlich getrennt („Sperrlager") von den zugelassenen Produkten gelagert.

Zusätzlich zu den Handelsbetrieben wurden Internetangebote überprüft. Hierzu gehört beispielsweise die Sichtung der Angebote von Internetaktionshäusern, auf Handelsplattformen oder auf Internetseiten einzelner Händler.

Tab. 6.3   Kontrollen zur Verkehrsfähigkeit von Pflanzenschutzmitteln, Pflanzenstärkungsmitteln und Zusatzstoffen sowie zu Einfuhrverboten für Saat- und Pflanzgut im Jahr 2013

	Kontrollen	Beanstandungen
Anzahl kontrollierter Betriebe	2.119	525 (24,8 %)
davon systematische Kontrollen	2.030	506 (24,9 %)
davon Anlasskontrollen	89	19 (21,3 %)

Beispiel: Kontrollen bei der Einfuhr von Pflanzenschutzmitteln

Eine Einfuhr von Pflanzenschutzmitteln nach Deutschland ist nur erlaubt, wenn die Pflanzenschutzmittel hier zugelassen sind. Pflanzenschutzmittel, die in einem anderen Mitgliedstaat zugelassen sind, und bei denen die Einfuhr in die Europäische Union über Deutschland erfolgen soll, werden unter zollamtlicher Aufsicht durchgeführt, d. h., die Pflanzenschutzmittel werden erst in dem EU-Mitgliedstaat verzollt, in dem sie zugelassen sind. Pflanzenschutzmittel, die in keinem Mitgliedstaat der EU zugelassen sind, dürfen nicht in die EU eingeführt werden. Ausnahmen, z. B. zur Durchführung von Versuchen, sind nur zulässig, wenn eine Genehmigung dafür erteilt wurde. Damit soll erreicht werden, dass Pflanzenschutzmittel, die in der EU nicht verkehrsfähig und nicht anwendbar sind, gar nicht erst in das Gemeinschaftsgebiet gelangen.

Die Kontrollen erfolgen durch den Zoll. Der Zoll überprüft, ob ein Pflanzenschutzmittel in Deutschland zugelassen ist und damit in den freien Warenverkehr überführt werden darf oder ob Deutschland nur Transitland ist und damit der Transport unter zollamtlicher Aufsicht erforderlich ist. Die Prüfung des Zulassungsstatus erfolgt in enger Zusammenarbeit mit den Pflanzenschutzdiensten. Diese werden über alle Einfuhren informiert, und in Zweifelsfällen wird die Ware festgesetzt, damit die Verkehrsfähigkeit geprüft werden kann (Abb. 6.1).

In Zusammenarbeit mit dem Zoll finden Verdachtskontrollen bei der Einfuhr oder Durchfuhr statt. Teilweise handelt es sich um Ware, die nicht als Pflanzenschutzmittel deklariert wurde. Hierbei wird geprüft, ob die Ware ordnungsgemäß verpackt sowie gefahrstoffrechtlich korrekt gekennzeichnet ist und keine Verstöße gegen das Marken- oder Patentrecht vorliegen.

Abb. 6.1 Gemeinsame Kontrolle des Zolls mit dem Pflanzenschutzdienst im Hafen von Bremerhaven

6.2.2 Beseitigungspflicht für verbotene Pflanzenschutzmittel

Seit dem Jahr 2008 unterliegen Pflanzenschutzmittel einer Beseitigungspflicht, deren Anwendung gemäß der Pflanzenschutz-Anwendungsverordnung vollständig verboten ist oder die einen Wirkstoff enthalten, der in der EU nicht für die Verwendung in Pflanzenschutzmitteln genehmigt ist. Solche Pflanzenschutzmittel müssen nach § 15 PflSchG unverzüglich aus dem Lager entfernt und ordnungsgemäß entsorgt werden. Auf der Homepage des BVL (http://www.bvl.bund.de/infopsm) ist eine Übersichtsliste veröffentlicht, in der für Pflanzenschutzmittel mit abgelaufener Zulassung vermerkt ist, ob für sie die Beseitigungspflicht gilt.

Tabelle 6.4 zeigt, dass in 1.795 Betrieben des Groß- und Einzelhandels Kontrollen zur Einhaltung der Beseitigungspflicht in Pflanzenschutzmittellagern durchgeführt wurden. In 64 Betrieben (3,6 %) wurden Pflanzenschutzmittel vorgefunden, die der Beseitigungspflicht unterliegen (2012: 3,8 %). Hier wurde die sofortige Beseitigung angeordnet. Es wurden Bußgelder bis 35 € erhoben.

Tab. 6.4 Kontrollen im Handel zur Einhaltung der Beseitigungspflicht von verbotenen Pflanzenschutzmitteln im Jahr 2013

	Kontrollen	Beanstandungen
Anzahl kontrollierter Betriebe	1.795	64 (3,6 %)
davon systematische Kontrollen	1.741	63 (3,6 %)
davon Anlasskontrollen	54	1 (1,9 %)

6.2.3 Kennzeichnung von Pflanzenschutzmitteln

Sämtliche vorgeschriebenen Angaben müssen grundsätzlich auf den Behältnissen und abgabefertigen Packungen stehen. Während in der Regel alle kontrollierten Mittel auf ihren Zulassungsstatus überprüft werden, kann eine Überprüfung der Kennzeichnung mit ihren umfangreichen Angaben nur stichprobenartig erfolgen. Bei einem Teil der Gebinde erfolgt eine Komplettprüfung der aufgedruckten Kennzeichnung.

Wie in Tabelle 6.5 aufgeführt, wurden 47.419 Pflanzenschutzmittel-Gebinde hinsichtlich der Kennzeichnung kontrolliert, davon wurde bei 837 Mitteln detailliert geprüft, ob alle notwendigen Angaben auf der Gebrauchsanleitung vollständig und richtig abgedruckt sind. Aufgrund von Kennzeichnungsmängeln wurden 281 Mittel (0,6 %) beanstandet (Vorjahr: 1,0 %). Es wurden Bußgelder bis 1.054 € erhoben.

Tab. 6.5 Kontrollen zur Kennzeichnung von Pflanzenschutzmitteln im Jahr 2013

	Kontrollen	Beanstandungen
Anzahl kontrollierter Pflanzenschutzmittel-Gebinde	47.419	281 (0,6 %)
davon systematische Kontrollen	47.105	266 (0,6 %)
davon Anlasskontrollen	314	15 (4,8 %)
davon Komplettprüfung	837	32 (3,8 %)

6.2.4 Selbstbedienungsverbot

Pflanzenschutzmittel dürfen nicht durch Automaten oder durch andere Formen der Selbstbedienung in den Verkehr gebracht werden. Das Selbstbedienungsverbot gilt für alle Handelsstufen. Dieses Verbot ist dann nicht beachtet, wenn sich der Kunde Mittel selbst aus dem Regal oder Lager holen kann, ohne dabei in Ladenbereiche zu gelangen, die für ihn gesperrt sind. Bei der Kontrolle wird überprüft, ob die Aufstellflächen für Pflanzenschutzmittel diesen Anforderungen genügen. Die Ergebnisse sind in Tabelle 6.6 aufgeführt.

Insgesamt wurden 2.177 Betriebe kontrolliert. Die Gesamtbeanstandungsquote von 6,2 % im Jahr 2013 liegt unter der des Vorjahres (8,4 %). Aufgrund der Beanstandungen wurden Bußgelder in einer Höhe bis zu 7.000 € festgesetzt.

Tab. 6.6 Kontrollen zum Selbstbedienungsverbot für Pflanzenschutzmittel im Jahr 2013

	Kontrollen	Beanstandungen
Anzahl kontrollierter Betriebe	2.177	136 (6,2 %)
davon systematische Kontrollen	2.130	123 (5,8 %)
davon Anlasskontrollen	47	13 (27,7 %)

Beispiel: Kontrolle von Verkaufsdisplays auf Einhaltung des Selbstbedienungsverbotes für Pflanzenschutzmittel

Dem Handel werden seitens der Zulassungsinhaber oder Vertriebsfirmen Verkaufsdisplays zur Verfügung gestellt, in denen ein Mittel oder eine spezielle Produktpalette werbewirksam ausgestellt wird. Die Verkaufsdisplays werden meist an stark frequentierten Plätzen im Handel aufgestellt. Kontrollen in den letzten Jahren zeigten wiederholt Mängel bei den Verkaufshilfen: Die Displays erwiesen sich teilweise als wenig haltbar und ermöglichten eine Entnahme von Pflanzenschutzmitteln direkt durch den Kunden (Abb. 6.2). Damit wurde das Selbstbedienungsverbot für Pflanzenschutzmittel nicht eingehalten. Durch diese Beschränkungen beim Kauf soll gewährleisten werden, dass Kunden vorab über die zugelassenen Anwendungen, die Handhabung und mögliche Alternativen zum chemischen Pflanzenschutz informiert werden.

Die Handelsbetriebe sind dafür verantwortlich, dass die rechtlichen Regelungen beim Verkauf von Pflanzenschutzmitteln eingehalten werden. Dazu gehört eine regelmäßige Kontrolle der angebotenen Pflanzenschutzmittel, die Aufbewahrung in geeigneten Lägern/Schränken und die Beratung beim Kauf durch sachkundiges Personal. Bei festgestellten Mängeln können Verwarngelder verhängt oder Ordnungswidrigkeitsverfahren eingeleitet werden.

Aufgrund der gehäuft festgestellten Mängel wurden Gespräche zwischen Vertretern der Pflanzenschutzdienste und den Zulassungsinhabern bzw. Vertriebsfirmen geführt. Wiederholte Kontrollen haben gezeigt, dass die Bauart der Verkaufsdisplays nachgebessert wurde. Weiterhin stehen die Händler in der Pflicht, beschädigte Displays zu entfernen oder durch geeignete Behältnisse zu ersetzen.

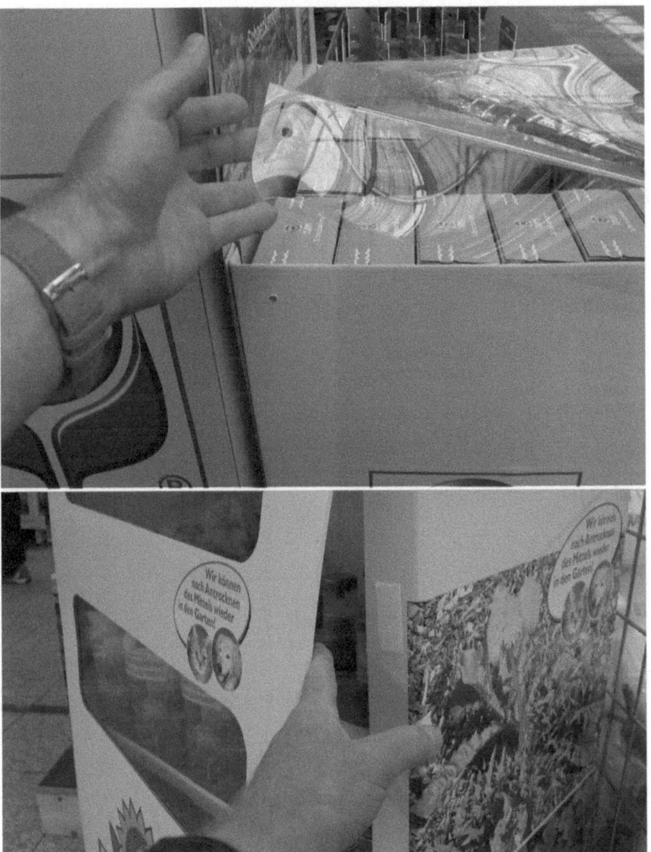

Abb. 6.2 Beispiele für mangelhaft verschlossene Verkaufsdisplays

6.2.5 Anzeigepflicht von Handelsbetrieben

Der Anzeigepflicht nach § 24 PflSchG unterliegen alle Betriebe, die Pflanzenschutzmittel zu gewerblichen Zwecken oder im Rahmen sonstiger wirtschaftlicher Unternehmungen in den Verkehr bringen, zu gewerblichen wecken einführen oder in der EU transportieren wollen, z. B. Landhandel, Genossenschaften, Bezugsgemeinschaften, Floristen- und Drogistenbedarf, Gartencenter, Blumenläden, Baumärkte, Haushaltswarengeschäfte, Drogerien, Apotheken. Die Anzeigepflicht umschließt auch die Vermittlung und sonstige Hilfsleistungen bei einer der genannten Tätigkeiten. Die Anzeigepflicht gilt nicht für Landwirte, die Pflanzenschutzmittel nur für den eigenen Betrieb in einem anderen Mitgliedstaat der Europäischen Gemeinschaft erwerben. Vor diesem sogenannten innergemeinschaftlichen Verbringen gemäß § 51 PflSchG muss der Landwirt beim BVL einen Antrag auf Genehmigung stellen. Diese Betriebe sind nicht in die allgemeine Verkehrskontrolle einbezogen, sondern werden im Rahmen von Anwendungskontrollen überwacht.

Außer über systematische und anlassbezogene Betriebskontrollen werden auch aufgrund von Nachfragen bei Gewerbeaufsichtsämtern, Handelskammern oder Recherchen im Branchenbuch überprüft, ob die anzeigerelevanten betrieblichen Tätigkeiten gemäß § 24 PflSchG gemeldet wurden.

Die Beanstandungsquote bei den insgesamt 2.091 kontrollierten Betrieben (Tab. 6.7) liegt mit 7,6 % auf dem Niveau des Vorjahres (2012: 7,5 %). In Ordnungswidrigkeitsverfahren wurden Bußgelder in einer Höhe bis zu 150 € erhoben.

Tab. 6.7 Kontrollen zur Einhaltung der Anzeigepflicht gemäß § 24 PflSchG (Handelsbetriebe) im Jahr 2013

	Kontrollen	Beanstandungen
Anzahl kontrollierter Betriebe	2.091	159 (7,6 %)

6.2.6 Sachkunde und Unterrichtungspflicht

Jede Person, die Pflanzenschutzmittel abgibt, muss die erforderliche Zuverlässigkeit und Sachkunde besitzen. Bei der Abgabe ist der Käufer über die Anwendung des Pflanzenschutzmittels, insbesondere über Verbote und Beschränkungen, zu unterrichten. Bei einem Verkauf von Pflanzenschutzmitteln an nichtberufliche Anwender müssen zusätzlich allgemeine Informationen über die Risiken der Anwendung von Pflanzenschutzmitteln für Mensch, Tier und Naturhaushalt zur Verfügung gestellt werden. Hiermit sind insbesondere der Anwenderschutz, die sachgerechte Lagerung, Handhabung und Anwendung sowie die sichere Beseitigung gemeint.

Bei einer Kontrolle wird das Verkaufspersonal zunächst darüber befragt, wer Pflanzenschutzmittel verkauft. Wenn der Betrieb das sogenannte Anzeigeverfahren bereits durchgeführt hat, wird gegebenenfalls geprüft, ob der Abgebende den Kontrollbehörden bekannt ist. Sollte dies nicht der Fall sein, wird die Vorlage des Sachkundenachweises verlangt. Zur Überprüfung der fachlichen Kenntnisse und der Unterrichtungspflicht werden neben Befragungen auch Testkäufe durch Mitarbeiter der Pflanzenschutzdienste durchgeführt.

Die Ergebnisse der Kontrollen zur Sachkunde in 2.319 Betrieben sind in Tabelle 6.8 aufgeführt. In 3,9 % der kontrollierten Betriebe wurden unzureichende fachliche Kenntnisse des Verkaufspersonals beanstandet (2012: 3,5 %) und Bußgelder in einer Höhe bis zu 750 € erteilt. Bezogen auf die 5.666 kontrollierten Personen liegt die Beanstandungsquote mit 1,7 % auf dem Niveau des Vorjahres (2012: 1,7 %).

Tab. 6.8 Kontrollen zu erforderlichen fachlichen Kenntnissen (Sachkunde) der Pflanzenschutzmittelabgeber im Einzel- und Versandhandel im Jahr 2013

	Kontrollen	Beanstandungen
Anzahl kontrollierter Betriebe	2.319	90 (3,9 %)
Anzahl kontrollierter Abgeber	5.666	97 (1,7 %)

Die Ergebnisse der Kontrollen zur Unterrichtungspflicht in 983 Betrieben sind in Tabelle 6.9 aufgeführt. In 4,6 % der überprüften Betriebe wurden Mängel bei der Beratung festgestellt (2012: 4,2 %) und Bußgelder bis zu einer Höhe von 150 € erteilt. Bezogen auf die Anzahl der kontrollierten Personen liegt die Beanstandungsquote im Jahr 2013 mit 4,1 % über der des Vorjahres 2012 (3,2 %).

Tab. 6.9 Kontrollen zur Unterrichtungspflicht der Pflanzenschutzmittelabgeber im Einzel- und Versandhandel im Jahr 2013

	Kontrollen	Beanstandungen
Anzahl kontrollierter Betriebe	983	45 (4,6 %)
Anzahl kontrollierter Abgeber	1.117	46 (4,1 %)

6.3 Anwendungskontrollen

6.3.1 Bundesweiter Kontrollschwerpunkt: Anwendung von Pflanzenschutzmitteln in Kernobst – Äpfel, Birnen, Quitte, Apfelbeere (Aronia)

Seit 2011 wird in einem bundesweiten Schwerpunkt die Anwendung von Pflanzenschutzmitteln in Kernobst kontrolliert. Zum Kernobst gehören Äpfel, Birnen, Quitten und die Apfelbeere (Aronia).

Die Auswahl von Kernobst erfolgte unter Berücksichtigung mehrerer Aspekte: Verbraucher haben großes Interesse an Informationen über die Anwendung von Pflanzenschutzmitteln in Kulturen, die der Ernährung dienen. Obstkulturen werden relativ intensiv mit Pflanzenschutzmitteln behandelt, da es ein großes Spektrum an Schädlingen und Krankheiten gibt und der Handel und die Verbraucher besondere Anforderungen an die Beschaffenheit der Früchte stellen (makelloses Aussehen, Lagerfähigkeit).

In Deutschland werden erwerbsmäßig auf ca. 31.800[1] ha Äpfel und auf ca. 2.100[1] ha Birnen angebaut. Die größten Obstbauflächen liegen in Baden-Württemberg, gefolgt von Niedersachsen, Bayern und

---

[1] BMELV (2009) Statistisches Jahrbuch über Ernährung, Landwirtschaft und Forsten der Bundesrepublik Deutschland 2009, Bremerhaven

Rheinland-Pfalz. Die bekanntesten Anbaugebiete für Äpfel sind das Alte Land bei Hamburg und die Bodenseeregion.

Für die Kontrollen wurde ein Mindeststoffspektrum an Wirkstoffen vorgegeben, das die Ergebnisse der Lebensmittelüberwachung und Änderungen in der Zulassungssituation von Pflanzenschutzmitteln zur Anwendung in Kernobst der letzten Jahre berücksichtigt. Insbesondere wurde kontrolliert, ob Pflanzenschutzmittel mit ausgelaufenen oder widerrufenen Zulassungen nur bis zum Ende der gesetzlichen Aufbrauchfrist angewendet wurden und nicht darüber hinaus.

Im Jahr 2013 wurden in 241 Betrieben die Anwendungen von Pflanzenschutzmitteln in Kernobst auf insgesamt 246 Schlägen überprüft. In 9 Betrieben (9 Schläge) wurde bemängelt, dass Pflanzenschutzmittel eingesetzt wurden, die in Deutschland keine Zulassung bzw. Genehmigung für eine Anwendung in der überprüften Kultur hatten. Das entspricht einer Beanstandungsquote von 3,7 % der kontrollierten Betriebe bzw. 3,7 % der kontrollierten Schläge (Tab. 6.10).

Tab. 6.10 Ergebnisse der Schwerpunktkontrollen zur Anwendung von Pflanzenschutzmitteln im Kernobst für das Jahr 2013 – Probenumfang und Beanstandungen

	Kontrollen	Beanstandungen
Anzahl kontrollierter Betriebe	241	9 (3,7 %)
Anzahl kontrollierter Schläge	246	9 (3,7 %)

In Tabelle 6.11 sind detaillierte Angaben zu den insgesamt 246 überprüften Schlägen aufgeführt. Es wurden 218 Apfelplantagen, 24 Birnen-, 2 Quitten und 2 Apfelbeerenpflanzungen kontrolliert. Auf den 9 beanstandeten Schlägen wurden insgesamt 11 nicht zulässige Wirkstoffanwendungen festgestellt. In allen Fällen wurden Wirkstoffe angewendet, die in Deutschland in zugelassenen Pflanzenschutzmitteln enthalten sein dürfen, die jedoch keine Zulassung für eine Anwendung in Kernobst besitzen: beta-Cyfluthrin, Chlorpyrifos, Cypermethrin, Deltamethrin, Dimethoat, Lambda-Cyhalothrin und Mancozeb.

Tab. 6.11 Ergebnisse der Schwerpunktkontrollen zur Anwendung von Pflanzenschutzmitteln im Kernobst für das Jahr 2013 (nachgewiesene Rückstände von nicht zulässigen Wirkstoffen, die aus aktuellen Anwendungen in den aufgeführten Kulturen stammen)

Untersuchte Kulturen	Anzahl kontrollierter Schläge	Anzahl der Schläge mit Beanstandungen	nachgewiesene Wirkstoffe, deren Anwendung in den untersuchten Kulturen nicht zulässig war
Äpfel	218	9	beta-Cyfluthrin, Chlorpyrifos, Cypermethrin, 2 × Deltamethrin, 3 × Dimethoat, 2 × Lambda-Cyhalothrin, Mancozeb
Birnen	24	0	–
Quitten	2	0	–
Apfelbeere	2	0	–

Zusammenfassung: Ergebnisse des bundesweiten Kontrollschwerpunktes „Anwendung von Pflanzenschutzmitteln in Kernobst – Apfel, Birne, Quitte, Apfelbeere (Aronia)" (2011 – 2013)

In den Jahren 2011 bis 2013 haben die Pflanzenschutzdienste der Länder insgesamt 747 Anwendungen von Pflanzenschutzmitteln in Kernobst-Kulturen kontrolliert. Ziel dieses Kontrollschwerpunktes war es, zu ermitteln, ob nur in Kernobst zugelassene Pflanzenschutzmittel angewendet werden.

Die Kontrollen zeigen, dass die Mehrzahl der kontrollierten Produzenten (> 95 %) nur in Kernobst zulässige Pflanzenschutzmittel anwenden.

Auf 32 (4,3 %) der kontrollierten 747 Schläge wurden jedoch Pflanzenschutzmittel angewendet, die in Kernobst nicht zulässig sind. Besonders kritisch sind dabei Nachweise von Wirkstoffen zu sehen, die seit vielen Jahren EU-weit verboten sind oder nicht in Kernobst angewendet werden dürfen. Im Kontrollzeitraum 2011 – 2013 wurden eine Triadimefon- und eine Dicofol-Anwendung nachgewiesen. Die Wirkstoffe waren zum Kontrollzeitpunkt EU-weit verboten. Die letzten Zulassungen Triadimefon-haltiger bzw. Dicofol-haltiger Pflanzenschutzmittel in Deutschland endeten im Jahr 2003 bzw. 1989.

Am häufigsten wurde die Anwendung von Chlorpyrifos (6 Fälle) bemängelt, das seit 20 Jahren keine Zulassung mehr für die Anwendung in Kernobst besitzt. Dimethoat, das in 5 Fällen analysiert wurde, und Deltamethrin (4 Nachweise) dürfen ebenfalls seit vielen Jahren nicht mehr in Kernobst angewendet werden. Die Ergebnisse zeigen den Bedarf an der Schulung und Beratung von Erzeugern, aber auch die Notwendigkeit von Kontrollen.

6.3.2 Bundesweiter Kontrollschwerpunkt: Einhaltung von Abständen zu Gewässern bei der Anwendung von Pflanzenschutzmitteln

Für das Jahr 2013 wurde festgelegt, schwerpunktmäßig die Einhaltung von Abständen zu Gewässern bei der Anwendung von Pflanzenschutzmitteln zu kontrollieren.

Die Kontrollen erfolgen in der Regel über die Entnahme von Boden- bzw. Pflanzenproben auf dem behandelten Schlag, da es schwierig ist, eine ausreichende Anzahl von Spritzgeräten während der Applikation anzutreffen. Die Beprobungen wurden entsprechend der im Handbuch beschriebenen Vorgehensweise durchgeführt. Hierzu wurde zum einen eine Mischprobe von Boden und/oder Pflanzen in der Feldmitte entnommen und zum anderen eine Mischprobe am Feldrand im Abstand von 1 m zur Böschungsoberkante des Gewässers. Anhand der gemessenen Konzentrationsunterschiede lässt sich beurteilen, ob und in welchem Abstand zum Gewässer Pflanzenschutzmittel angewendet wurden (Abb. 6.3). Insbesondere im Falle von Herbiziden kann auch eine visuelle Kontrolle der Feld- bzw. Gewässerränder Hinweise über Verstöße geben, wenn beispielsweise die Vegetation direkt am Gewässer auffällig braun verfärbt oder abgestorben ist.

Im Berichtsjahr wurden 423 Schläge von 421 Betrieben überprüft. Hierzu wurden insgesamt 644 Boden- bzw. Pflanzenproben untersucht.

Auf 42 von 423 kontrollierten Schlägen wurden Verstöße gegen Bestimmungen des Pflanzenschutzgesetzes festgestellt (9,9 %), auf 3 Schlägen sogar mehrere. Die Beanstandungen setzten sich folgendermaßen zusammen:

Auf 40 Schlägen war der Mindestabstand zu gering, weil z. B. Teilbreiten des Spritzgestänges nicht oder nicht ausreichend abgeschaltet wurden. Auf vier Schlägen wurden Pflanzenschutzmittel unmittelbar an einem Gewässer angewendet (auf dem Böschungsrand). Bei einer Kontrolle wurde festgestellt, dass das eingesetzte Mittel keine

Zulassung für die Anwendung in der behandelten Kultur besaß.

Tab. 6.12 Ergebnisse der Schwerpunktkontrollen Einhaltung von Abständen zu Gewässern für das Jahr 2013

	Kontrollen	Beanstandungen
Anzahl kontrollierter Betriebe	421	42 (10,0 %)
Anzahl kontrollierter Schläge	423	42 (9,9 %)

Abb. 6.3 Kontrollen zur Einhaltung von Abständen zu Gewässern: Pflanzenschutzmittel dürfen nicht unmittelbar an Gewässern angewendet werden

6.3.3 Anwendungskontrollen in landwirtschaftlichen, gärtnerischen und forstwirtschaftlichen Betrieben

Die Kontrollen zur Anwendung von Pflanzenschutzmitteln erfolgen in Form von:

- Kontrollen in den Betrieben (Betriebsprüfungen),
- Kontrollen auf Flächen während der Anwendung von Pflanzenschutzmitteln,
- Kontrollen auf Flächen nach der Anwendung von Pflanzenschutzmitteln.

Kontrollen **in den Betrieben** (auf dem Hof) werden ganzjährig durchgeführt. Die Kontrollen erfolgen teilweise angemeldet, um kompetente Ansprechpartner im Betrieb anzutreffen. Die Betriebe werden aufgrund einer systematischen Auswahl und der Festsetzung von Schwerpunkten bestimmt und kontrolliert. Zusätzlich können anlassbezogen vertiefte Kontrollen vor Ort durchgeführt werden, z. B. Kontrollen nach der Anwendung von Pflanzenschutzmitteln.

Kontrollen auf Flächen **während der Anwendung** oder unmittelbar danach erfolgen grundsätzlich unangemeldet. Sie sind nur durchführbar, wenn sich der Anwender auf der Fläche befindet. Deshalb ist eine exakte Jahresplanung nicht möglich. Für bestimmte Kulturen oder innerhalb enger Anwendungszeitfenster sind diese Kontrollen eingeschränkt planbar (Beispiel: Überprüfung der Anwendung bienengefährlicher Pflanzenschutzmittel zur Blütezeit). Bei den Anwendungskontrollen auf dem Feld wird durch Befragung der Landwirte oder Kontrolle mitgeführter Pflanzenschutzmittelbehältnisse festgestellt, welche Produkte appliziert werden. Anschließend wird überprüft, ob die verwendeten Pflanzenschutzmittel zugelassen sind, welche Anwendungsgebiete sowie Anwendungsbestimmungen festgesetzt sind oder ob sie einem Anwendungsverbot oder einer Anwendungsbeschränkung unterliegen. Die Auskünfte des Anwenders und die festgestellten Ergebnisse werden protokollarisch festgehalten. Wenn keine Behältnisse mitgeführt werden oder Zweifel an den Aussagen des Anwenders bestehen, werden zur Überprüfung der Angaben Fassproben (Behandlungsflüssigkeitsproben) entnommen und rückstandsanalytisch untersucht.

Kontrollen auf der Fläche **nach der Anwendung** sind stets planbare Kontrollen und gehen in der Regel mit einer Entnahme von Pflanzen- oder Bodenproben einher. Sie müssen jedoch in einem angemessen kurzen Zeitraum nach der Anwendung erfolgen. Die Auswahl und eindeutige Zuordnung von Flächen zu Betrieben ist vor den Probenahmen möglich. Bei einer Herbizidanwendung lässt sich auch visuell überprüfen, ob die Anwendungsbestimmungen (z. B. unbehandelter Randstreifen, Abstand zum Gewässer) eingehalten worden sind. In der Regel erfolgt vor, während oder nach der Beprobung eine Befragung des Bewirtschafters, um eingrenzen zu können, welche Pflanzenschutzmittelwirkstoffe bei der Laboranalyse berücksichtigt werden müssen. Die Kontrollen mittels Analyse von Boden- oder Blattproben sind sehr zeit- und kostenintensiv.

Die Summenangaben im vorliegenden Bericht beziehen sich auf die einzelnen überprüften Tatbestände. Sie korrespondieren daher nicht immer mit der Anzahl aller kontrollierten Betriebe. So können z. B. in einem Betrieb mehrere Personen auf ihre fachlichen Kenntnisse (Sachkunde) überprüft werden. Im gleichen Betrieb kann jedoch auf eine Kontrolle zur „Einhaltung der Anwendungsbestimmungen" verzichtet worden sein, da zum Zeitpunkt der Überprüfung keine Pflanzenschutzmaßnahmen durchgeführt wurden.

Insgesamt wurden im Jahr 2013 5.310 Betriebe kontrolliert. Diese Zahl setzt sich aus 2.259 Betriebskontrollen

und 3.162 Anwendungskontrollen zusammen. Da bei einigen Betrieben sowohl Betriebskontrollen als auch Anwendungskontrollen durchgeführt wurden, ist die Summe der beiden Kontrollarten höher als die Anzahl der insgesamt kontrollierten Betriebe. Bei den Kontrollen wurden 2.977 Proben von Boden, Pflanzen oder Behandlungsflüssigkeiten entnommen und analysiert.

6.3.3.1 Pflanzenschutzgeräte im Gebrauch

Bei der Anwendung von Pflanzenschutzmitteln dürfen nur Pflanzenschutzgeräte eingesetzt werden, die einer vorgeschriebenen Prüfung unterzogen worden sind. Daher wird bei der Kontrolle des Gerätes zuerst geprüft, ob eine gültige Prüfplakette vorhanden ist. Alternativ kann der Anwender auch mit dem Prüfprotokoll die fristgerechte Prüfung des Gerätes nachweisen. Weiterhin wird durch eine visuelle Überprüfung des äußeren Zustandes des Gerätes festgestellt, ob es offensichtliche Mängel gibt, die eine ordnungsgemäße Applikation des Pflanzenschutzmittels beeinträchtigen, z. B. undichte Behälter- und Drucksysteme, fehlerhafte Manometer, nachtropfende Düsen, defekte oder hängende Spritzgestänge.

In Tabelle 6.13 sind die Ergebnisse der 3.665 Kontrollen aufgeführt. Die Beanstandungsquote lag bei 2,1 % und damit niedriger als im Vorjahr (2012: 3,3 %). Es wurden Bußgelder bis zu einer Höhe von 900 € erteilt.

Tab. 6.13 Kontrollen der im Gebrauch befindlichen Pflanzenschutzgeräte im Jahr 2013

	Kontrollen	Beanstandungen
Anzahl kontrollierter Geräte während der Anwendung oder auf dem Hof	3.665	78 (2,1 %)
davon systematische Kontrollen	3.243	60 (1,9 %)
davon Anlasskontrollen	422	18 (4,3 %)

6.3.3.2 Sachkunde der Anwender

Wer Pflanzenschutzmittel im landwirtschaftlichen, gartenbaulichen oder forstwirtschaftlichen Betrieb oder als Lohnunternehmer bzw. Dienstleister anwendet, muss die dafür erforderliche Zuverlässigkeit und die dafür notwendigen fachlichen Kenntnisse und Fertigkeiten haben. Näheres regelt die Pflanzenschutz-Sachkundeverordnung.

Bei 3.851 Kontrollen wurden in 1,2 % der Fälle Personen ohne die erforderliche Sachkunde im Umgang mit Pflanzenschutzmitteln festgestellt (Tab. 6.14). Im Vorjahr wurden mit 2,1 % mehr Anwender beanstandet. Es wurden Bußgelder bis zu einer Höhe von 350 € erteilt.

Tab. 6.14 Kontrollen zu erforderlichen fachlichen Kenntnissen (Sachkunde) der Pflanzenschutzmittelanwender im Jahr 2013

	Kontrollen	Beanstandungen
Anzahl kontrollierter Anwender	3.851	45 (1,2 %)
davon systematische Kontrollen	3.381	30 (0,9 %)
davon Anlasskontrollen	470	15 (3,2 %)

6.3.3.3 Einhaltung der Anwendungsgebiete

Pflanzenschutzmittel dürfen nur angewendet werden, wenn sie zugelassen sind. Für Mittel, deren Zulassung durch Zeitablauf endet, gibt es eine 18-monatige Aufbrauchfrist. Zudem dürfen Pflanzenschutzmittel nur in den Anwendungsgebieten angewendet werden, die bei der Zulassung vorgesehen oder genehmigt sind, also nur für die ausgewiesenen Kulturen und gegen die bezeichneten Schaderreger (z. B. Anwendung in Winterweizen zur Bekämpfung von zweikeimblättrigen Unkräutern).

In Tabelle 6.15 sind die Ergebnisse aus den bundesweiten Schwerpunktkontrollen zur Anwendung von Pflanzenschutzmitteln in Kernobst (Abschn. 6.3.1) enthalten, da diese auch Kontrollen zur Einhaltung von Anwendungsgebieten darstellen. Insgesamt wurden 3.140 Inspektionen durchgeführt. Bei 2.783 systematischen Kontrollen wurden in 73 Fällen (2,6 %) Mängel festgestellt (2012: 3,0 %); bei 357 Anlasskontrollen wurden in 9,0 % aller Fälle Mängel festgestellt (2012: 13,3 %). Anlässe für Kontrollen können z. B. das Auffinden bestimmter Pflanzenschutzmittel im Betrieb sein, die nicht zu den angebauten Kulturen passen oder Rückstände in Pflanzen, die in der Lebensmittelüberwachung identifiziert wurden. Es wurden Bußgelder bis zu 860 € verhängt.

Tab. 6.15 Kontrollen zur Einhaltung von Anwendungsgebieten im Jahr 2013

	Kontrollen	Beanstandungen
Anzahl der kontrollierten Schläge	3.140	105 (3,3 %)
davon systematische Kontrollen	2.783	73 (2,6 %)
davon Anlasskontrollen	357	32 (9,0 %)

6.3.3.4 Einhaltung der Anwendungsbestimmungen und Bienenschutzbestimmungen

Anwendungsbestimmungen sind Vorschriften, die vom BVL mit der Zulassung eines Mittels erteilt werden, um schädliche Auswirkungen auf die Gesundheit von Mensch und Tier oder auf das Grundwasser oder sonstige unvertretbare Auswirkungen, insbesondere auf den Naturhaushalt, zu verhindern. Zu den Anwendungsbestimmungen gehören beispielsweise Mindestabstände zu Gewässern und Saumbiotopen. Die Bienenschutzverordnung enthält Vorschriften für bienengefährliche Pflan-

zenschutzmittel. So dürfen mit B1 gekennzeichnete Mittel nicht an blühenden Pflanzen angewendet werden und auch nicht an anderen Pflanzen, die von Bienen beflogen werden. Gezielte Kontrollen erfolgen z. B. in der Zeit der Obst-, Reben- und Rapsblüte. Die Kontrolle der genannten Vorschriften erfolgt über die Entnahme und Analyse von Boden- oder Pflanzenproben. Bei Kontrollen während der Anwendung können des Weiteren Proben von Behandlungsflüssigkeiten genommen werden. Auch Dokumentationsprüfungen sind möglich, wenn es um erteilte bzw. nicht erteilte Einzelfallgenehmigungen nach § 22 Absatz 2 PflSchG geht.

Tab. 6.16 Kontrollen zur Einhaltung von Anwendungsbestimmungen, behördlichen Anordnungen und zum Bienenschutz im Jahr 2013

	Kontrollen	Beanstandungen
Anzahl der kontrollierten Schläge	2.371	107 (4,5 %)
davon systematische Kontrollen	2.083	75 (3,6 %)
davon Anlasskontrollen	288	32 (11,1 %)
darunter Bienenschutzkontrollen	705	7 (1,0 %)

In Tabelle 6.16 sind die Ergebnisse der Kontrollen zur Einhaltung von Anwendungsbestimmungen, behördlichen Anordnungen und zum Bienenschutz aufgeführt. In der Tabelle sind die Ergebnisse aus den bundesweiten Schwerpunktkontrollen zur Einhaltung von Abständen zu Gewässern bei der Anwendung von Pflanzenschutzmitteln (Abschn. 6.3.2) enthalten, da diese auch Kontrollen zur Einhaltung von Anwendungsbestimmungen darstellen. Insgesamt wurden 2.371 Kontrollen durchgeführt, darunter 705 speziell zum Bienenschutz. In 4,5 % aller Kontrollen wurden Verstöße festgestellt. Das Ergebnis liegt damit über dem Niveau des Vorjahres 2012 (4,1 %).

Die Beanstandungsquote bei den 2.083 systematischen Kontrollen betrug 3,6 % und lag damit deutlich über der des Vorjahres (2012: 2,0 %). Naturgemäß liegen die Beanstandungsquoten bei den Anlasskontrollen höher. Bei 11,1 % der 288 anlassbezogenen Kontrollen, z. B. nach Anzeigen, wurden Verstöße festgestellt. Die Folge waren Bußgelder bis zu 700 €.

6.3.3.5 Einhaltung der Anwendungsverbote und Anwendungsbeschränkungen

Die Pflanzenschutz-Anwendungsverordnung enthält Anwendungsverbote und Anwendungsbeschränkungen für Pflanzenschutzmittel, die bestimmte Wirkstoffe enthalten. Nachfolgend sind nur Kontrollen und Beanstandungen für die Anwendung auf landwirtschaftlich, forstwirtschaftlich oder gärtnerisch genutzten Flächen aufgeführt. Kontrollen und Beanstandungen, die sich auf eine Anwendung auf **nicht** landwirtschaftlich, forstwirtschaftlich oder gärtnerisch genutzten Flächen (z. B. Gehwege,

Betriebsflächen, Gleise) beziehen, sind im Abschnitt 6.3.4 aufgeführt.

Die Kontrollen erfolgen in der Regel nach der Anwendung von Pflanzenschutzmitteln über die Entnahme und Analyse von Boden- oder Pflanzenproben. Wird ein Anwender während der Applikation angetroffen, können auch Proben der Behandlungsflüssigkeiten entnommen werden. Die betreffenden Wirkstoffe werden über Multimethoden erfasst. Zusätzlich können gezielte Kontrollen zur Anwendung bestimmter verbotener Wirkstoffe durchgeführt werden. Wie aus Tabelle 6.17 ersichtlich, wurden bei den 1.926 Kontrollen 11 Verstöße (0,6 %) festgestellt (2012: 0,5 %). Es wurden Bußgelder bis zu 350 € verhängt.

Tab. 6.17 Kontrollen zur Einhaltung von Anwendungsverboten und -beschränkungen (nach Pflanzenschutz-Anwendungsverordnung) im Jahr 2013

	Kontrollen	Beanstandungen
Anzahl der kontrollierten Schläge	1.926	11 (0,6 %)
davon systematische Kontrollen	1.642	5 (0,3 %)
davon Anlasskontrollen	284	6 (2,1 %)

6.3.3.6   Dokumentation von Pflanzenschutzmittelanwendungen

Die Anwendung von Pflanzenschutzmitteln muss EU-weit nach den gleichen Vorgaben dokumentiert werden. Nach Artikel 67 Absatz 1 Satz 2 der Verordnung (EG) Nr. 1107/2009 sind in der Aufzeichnung die Bezeichnung des Pflanzenschutzmittels, der Zeitpunkt der Anwendung, der Name des Anwenders, die Aufwandmenge, die behandelte Fläche und die Kultur zu vermerken. Das Pflanzenschutzgesetz regelt in § 11 weitere Einzelheiten.

Bei der Kontrolle werden die Unterlagen stichprobenartig auf ihre Plausibilität und Vollständigkeit geprüft. Es wird auch kontrolliert, ob die Aufzeichnungen mindestens für 3 Jahre aufbewahrt werden. Wie in Tabelle 6.18 aufgeführt, wurde in 2.490 Betrieben die Dokumentation überprüft. In 127 Betrieben (5,1 %) fehlten Aufzeichnungen oder waren unvollständig. Im Vorjahr lag die Beanstandungsquote bei 7,2 %. Es wurden Bußgelder bis zu 150 € erteilt.

Tab. 6.18 Kontrollen zur Dokumentation von Pflanzenschutzmittelanwendungen im Jahr 2013

	Kontrollen	Beanstandungen
Anzahl der kontrollierten Betriebe	2.490	127 (5,1 %)
davon systematische Kontrollen	2.206	101 (4,6 %)
davon Anlasskontrollen	284	26 (9,2 %)

6.3.3.7   Einhaltung der Beseitigungspflicht für verbotene Pflanzenschutzmittel

Seit dem Jahr 2008 unterliegen bestimmte Pflanzenschutzmittel einer Beseitigungspflicht, um einer versehentlichen Anwendung nach dem Zulassungsende vorzubeugen. Gemäß § 15 PflSchG müssen Pflanzenschutzmittel unverzüglich aus dem Lager entfernt und ordnungsgemäß beseitigt werden, wenn sie Wirkstoffe enthalten, die gemäß Pflanzenschutz-Anwendungsverordnung einem vollständigen Anwendungsverbot unterliegen oder deren Verwendung in Pflanzenschutzmitteln in der gesamten Europäischen Gemeinschaft verboten ist.

Zur Kontrolle eines landwirtschaftlichen Betriebes gehört auch die Überprüfung des Pflanzenschutzmittellagers. Nach der guten fachlichen Praxis im Pflanzenschutz sollen die Mengen und die Dauer der Aufbewahrung von Pflanzenschutzmitteln auf ein notwendiges Minimum begrenzt werden. So wird verhindert, dass Pflanzenschutzmittel überlagern oder abgelaufene Pflanzenschutzmittel zum Einsatz kommen. Bei der Kontrolle wird darauf geachtet, dass Pflanzenschutzmittel getrennt von Lebens- und Futtermitteln gelagert werden, nicht zugelassene Pflanzenschutzmittel deutlich gekennzeichnet sind und separat aufbewahrt werden und keine Pflanzenschutzmittel gelagert werden, deren Beseitigung nach dem Pflanzenschutzgesetz vorgeschrieben ist.

In 72 von 1.599 Betrieben (4,5 %) wurden Pflanzenschutzmittel vorgefunden, die der Beseitigungspflicht unterliegen (Tab. 6.19). In diesen Fällen wurde eine Beseitigung angeordnet. Die Beseitigung war gegenüber den Pflanzenschutzdiensten durch Belege nachzuweisen. Wenn der Anordnung nicht oder zu spät nachgekommen wird, können Bußgelder verhängt werden. Im Jahr 2013 wurden Bußgelder bis zu 150 € festgelegt. Im Vorjahr wurden 8,6 % der kontrollierten Betriebe beanstandet.

Tab. 6.19 Kontrollen bei Anwendern zur Einhaltung der Beseitigungspflicht von verbotenen Pflanzenschutzmitteln im Jahr 2013

	Kontrollen	Beanstandungen
Anzahl der kontrollierten Betriebe	1.599	72 (4,5 %)
davon systematische Kontrollen	1.429	59 (4,1 %)
davon Anlasskontrollen	170	13 (7,6 %)

6.3.3.8   Anzeigepflicht von gewerblichen Pflanzenschutzmittelanwendern und Pflanzenschutzmittelberatern

Gemäß § 10 PflSchG unterliegen Gewerbetreibende, die für Dritte Pflanzenschutzmittel anwenden (z. B. Lohnunternehmen), oder die andere über deren Anwendung beraten, einer Anzeigepflicht bei den zuständigen Pflanzenschutzdiensten. Anhand von Listen der gemeldeten

Betriebe wird überprüft, ob das Anzeigeverfahren durchgeführt wurde. Für die Kontrollen können auch Nachfragen bei Gewerbeaufsichtsämtern und Handelskammern oder Recherchen im Branchenbuch stattfinden.

Bei der Kontrolle von landwirtschaftlichen Betrieben wurde unter anderem überprüft, ob Pflanzenschutzmittel für oder von Nachbarn oder Dritten ausgebracht werden. Die in Tabelle 20 genannte Anzahl von Kontrollen in 748 Betrieben berücksichtigt nur Betriebe, die tatsächlich Pflanzenschutzmaßnahmen in Dienstleistung für Dritte vornahmen.

Bei den 784 Kontrollen ergaben sich 55 Beanstandungen, das entspricht einer Quote von 7,4 % (2012: 4,6 %). Es wurden Bußgelder bis zu 100 € verhängt. Ein Teil der Beanstandungen ist auch darauf zurückzuführen, dass sich aus gelegentlicher (nicht meldepflichtiger) Nachbarschaftshilfe zwischen Landwirten bzw. landwirtschaftlichen Betrieben eine regelmäßige und damit anzeigepflichtige Dienstleistung entwickelt hatte. Vielen Betriebsleitern war nicht bekannt, dass diese Dienstleistung einer Anzeigepflicht gemäß Pflanzenschutzgesetz unterliegt.

Tab. 6.20 Kontrollen zur Einhaltung der Anzeigepflicht gemäß § 10 PflSchG (z. B. Lohnunternehmer, Unternehmen des Garten- und Landschaftsbaus) im Jahr 2013

	Kontrollen	Beanstandungen
Anzahl Kontrollen	748	55 (7,4 %)

6.3.4 Anwendungskontrollen auf befestigten Freilandflächen und sonstigen Freilandflächen, die weder landwirtschaftlich noch forstwirtschaftlich oder gärtnerisch genutzt werden

Die Anwendung von Pflanzenschutzmitteln auf befestigten Freilandflächen und auf Freilandflächen, die weder landwirtschaftlich noch forstwirtschaftlich oder gärtnerisch genutzt werden, ist nach § 12 Absatz 2 PflSchG nur mit einer Genehmigung der zuständigen Behörde erlaubt. Zu diesen Freiflächen zählen z. B. Gleisanlagen, Straßen, Auffahrten, Wegränder, Hof- und Betriebsflächen. Die genaue Auslegung, welche Flächen nicht unter den Begriff „gärtnerische Nutzung" fallen, kann in den einzelnen Ländern unterschiedlich sein.

Durch die Anwendung von Pflanzenschutzmitteln auf befestigten Flächen kann es nach Niederschlägen zu einem direkten Eintrag dieser Stoffe in Oberflächengewässer oder in die Kanalisation kommen, da das Regenwasser oberflächlich ablaufen kann. Es wird vermutet, dass Funde von Pflanzenschutzmittel-Wirkstoffen in Oberflächengewässern zu einem erheblichen Teil aus illegalen Anwendungen auf den genannten Freilandflächen resultieren. Deshalb bildet dieser Bereich einen besonderen Schwerpunkt im Pflanzenschutz-Kontrollprogramm. Im Jahr 2013 wurden über 1.400 Flächen, z. B. Betriebs- oder Verkehrsflächen, überprüft und 1.021 Unternehmer und 551 Privatpersonen kontrolliert.

6.3.4.1 Anwendung von Pflanzenschutzmitteln auf befestigten Freilandflächen und sonstigen Freilandflächen, die weder landwirtschaftlich noch forstwirtschaftlich oder gärtnerisch genutzt werden

Kontrolliert werden zum einen Flächen, für die eine Ausnahmegenehmigung nach § 12 Absatz 2 PflSchG beantragt worden ist. Im Falle einer Ablehnung wird überprüft, ob die Anwendung unterblieben ist. Im Falle einer Genehmigung wird kontrolliert, ob das eingesetzte Mittel und die behandelte Fläche der Genehmigung entsprechen und die Anwendungsbestimmungen und Auflagen eingehalten wurden. Zum anderen werden auch Kontrollen auf Flächen durchgeführt, für die keine Genehmigungen beantragt wurden. In diesem Kontrollbereich finden aufgrund von Anzeigen viele Anlasskontrollen statt. Zur Überprüfung wird der Eigentümer befragt; in einigen Fällen werden zusätzlich Boden- oder Pflanzenproben für eine Laboranalyse entnommen.

Tab. 6.21 Kontrollen zur Anwendung von Pflanzenschutzmitteln auf befestigten Freilandflächen und Freilandflächen, die weder landwirtschaftlich noch forstwirtschaftlich oder gärtnerisch genutzt werden, einschließlich der Kontrolle von erteilten Ausnahmegenehmigungen im Jahr 2013

	Kontrollen	Beanstandungen
Einhaltung erteilter/abgelehnter Ausnahmegenehmigungen		
Anzahl kontrollierter Ausnahmegenehmigungen (einschließlich Probenahme)	194	16 (8,2 %)
Kontrollen auf nicht beantragten Flächen (z. B. nach Anzeigen oder bei Verdacht auf Pflanzenschutzmittelanwendung)		
Anzahl kontrollierter Flächen	1.286	464 (36,1 %)

In Tabelle 6.21 sind die Ergebnisse der Kontrollen aufgeführt. 194 Kontrollen erfolgten nach Erteilung oder Ablehnung einer Ausnahmegenehmigung. Bei 16 Kontrollen wurden Verstöße festgestellt. Die Beanstandungsquote von 8,2 % liegt unter den Ergebnissen aus dem Jahr 2012 (9,5 %). Die Anwendung von Pflanzenschutzmitteln auf abgelehnten Flächen bzw. die Nichteinhaltung von Auflagen bei erteilten Ausnahmegenehmigungen führte zu Bußgeldern bis zu 150 €.

Weiterhin wurden 1.286 Flächen kontrolliert, für die keine Ausnahmegenehmigungen zur Anwendung beantragt waren, und in 36,1 % der Fälle Verstöße festgestellt. Da es sich hierbei überwiegend um Anlasskontrollen handelt, ist ein direkter Vergleich mit den Kontrollergebnissen aus dem Jahr 2012 (Beanstandungsquote 43,2 %) wenig aussagekräftig. Für die Anwendung von Pflanzenschutzmitteln auf nicht beantragten Flächen wurden Bußgelder bis zu 1.500 € erteilt. Anlässe für Kontrollen waren zum Beispiel Nachbarschaftsstreitigkeiten, Hinweise von Anwohnern oder Feststellungen der zuständigen Behörden.

Beanstandet wurden z. B. Privatpersonen, die befestigte Flächen (z. B. Auffahrten) mit Pflanzenschutzmitteln behandelt hatten, sowie Kommunen oder gewerbliche Betriebe, die ohne Genehmigung Pflanzenschutzmittel angewendet hatten. Auf Hof- und Betriebsflächen von landwirtschaftlichen Betrieben wurden selten unerlaubte Anwendungen nachgewiesen. Weitere Beanstandungen betrafen die Anwendung von Pflanzenschutzmitteln unmittelbar am Böschungsrand von Gewässern oder auf Feldrainen sowie die Fehlanwendung auf Feldwegen bei der Behandlung landwirtschaftlicher Flächen.

Aus den Kontrollzahlen lassen sich keine Rückschlüsse auf den tatsächlichen Umfang von Fehlanwendungen ziehen; denn bei beiden in Tabelle 6.21 aufgeführten Kategorien handelt es sich um gezielte Kontrollen und nicht um repräsentative Kontrollen nach dem Zufallsprinzip. Dennoch zeigen die Ergebnisse, dass bezüglich der Vorschriften, die für die Anwendung von Pflanzenschutzmitteln auf nicht landwirtschaftlich, forstwirtschaftlich oder gärtnerisch genutzten Freiflächen gelten, offensichtlich Informationsdefizite bestehen. Gerade beim Einsatz im privaten Bereich scheinen sich alte Gewohnheiten im Umgang mit Pflanzenschutzmitteln nur sehr langsam zu ändern.

6.3.4.2 Pflanzenschutzgeräte im Gebrauch

Die Anwendung von Pflanzenschutzmitteln auf nicht landwirtschaftlich, forstwirtschaftlich oder gärtnerisch genutzten Freilandflächen erfolgt häufig mittels tragbarer Geräte, die keiner Prüfpflicht unterliegen. Von Personen geschobene oder gezogene Streichgeräte unterliegen ab 2020 der Prüfpflicht. Die übrigen Geräte unterliegen bereits heute einer Kontrollpflicht durch anerkannte Prüfwerkstätten. In Tabelle 6.22 sind die Ergebnisse der 208 Kontrollen aufgeführt. Die Beanstandungsquote lag bei 1,9 % (2012: 2,1 %). Bußgelder wurden bis zu 550 € verhängt.

Tab. 6.22 Kontrollen der im Gebrauch befindlichen Pflanzenschutzgeräte bei der Anwendung von Pflanzenschutzmitteln auf nicht landwirtschaftlich, forstwirtschaftlich oder gärtnerisch genutzten Freilandflächen im Jahr 2013

	Kontrollen	Beanstandungen
Anzahl kontrollierter Geräte während der Anwendung oder im Betrieb	208	4 (1,9 %)
davon systematische Kontrollen	129	2 (1,6 %)
davon Anlasskontrollen	79	2 (2,5 %)

6.3.4.3 Sachkunde des Anwenders

Die Regelungen zur Sachkunde des Anwenders, wie sie in Abschnitt 6.3.3.2 beschrieben sind, gelten auch für gewerbliche Anwendungen für Dritte und werden im Rahmen der Erteilung von Nichtkulturland-Ausnahmegenehmigungen gemäß § 12 Absatz 2 PflSchG berücksichtigt.

Bei der Überprüfung von 1.344 Anwendern wurden 34 Personen (2,5 %) ohne die erforderliche Sachkunde festgestellt. Die Beanstandungsquote liegt unter der des Vorjahres (2012: 3,1 %). Aus Tabelle 6.23 wird ersichtlich, dass die meisten Beanstandungen bei Anlasskontrollen festgestellt wurden. Bei den systematischen Kontrollen wurde bei 0,3 % der Anwender eine nicht ausreichende Sachkunde bemängelt, bei den Anlasskontrollen lag die Quote bei 12,6 %. Es wurden Bußgelder bis zu einer Höhe von 500 € erteilt.

Tab. 6.23 Kontrollen zu erforderlichen fachlichen Kenntnissen (Sachkunde) der Pflanzenschutzmittelanwender bei der Anwendung von Pflanzenschutzmitteln auf nicht landwirtschaftlich, forstwirtschaftlich oder gärtnerisch genutzten Freilandflächen im Jahr 2013

	Kontrollen	Beanstandungen
Anzahl kontrollierter Anwender	1.344	34 (2,5 %)
davon systematische Kontrollen	1.088	3 (0,3 %)
davon Anlasskontrollen	246	31 (12,6 %)

6.3.4.4 Dokumentation von Pflanzenschutzmittelanwendungen

Die Pflicht zur Dokumentation von Pflanzenschutzmittelanwendungen, die sich aus Artikel 67 Absatz 1 Satz 2 der Verordnung (EG) Nr. 1107/2009 ergibt, gilt für berufliche Anwender auch im Hinblick auf Nichtkulturlandflächen. Dabei müssen mindestens die Bezeichnung des Pflanzenschutzmittels, der Zeitpunkt der Anwendung, der Anwender, die Aufwandmenge und die behandelte Fläche aufgezeichnet werden. Bei Privatpersonen ist die Dokumentationspflicht nicht generell gegeben, sondern hängt davon ab, ob im Genehmigungsbescheid nach § 12 Absatz 2 PflSchG die Dokumentation als Auflage festgeschrieben wurde.

Bei der Kontrolle werden die Unterlagen stichprobenartig auf ihre Plausibilität und Vollständigkeit geprüft. Es wird auch kontrolliert, ob die Aufzeichnungen mindestens für 3 Jahre aufbewahrt werden. In 33 von 300 kontrollierten Betrieben (11,0 %) fehlten Aufzeichnungen oder waren unvollständig (Tab. 6.24). Im Vorjahr lag die Beanstandungsquote bei 12,1 %. Es wurden Bußgelder bis zu einer Höhe von 110 € erteilt.

Tab. 6.24 Kontrollen zur Dokumentation von Pflanzenschutzmittelanwendungen im Jahr 2013

	Kontrollen	Beanstandungen
Anzahl kontrollierter Anwendungen	300	33 (11,0 %)
davon systematische Kontrollen	241	20 (8,3 %)
davon Anlasskontrollen	59	13 (22,0 %)

6.3.4.5 Anzeigepflicht von gewerblichen Pflanzenschutzmittelanwendern und Pflanzenschutzmittelberatern

Die Anwendung von Pflanzenschutzmitteln auf nicht landwirtschaftlich, forstwirtschaftlich oder gärtnerisch genutzten Freilandflächen kann auch durch Dienstleister erfolgen; dies betrifft z. B. Gleisanlagen oder städtische und gewerbliche Flächen. Im Siedlungsbereich gehören dazu auch Hausmeisterdienste. Gemäß § 10 PflSchG unterliegen Gewerbetreibende, die für Dritte Pflanzenschutzmittel anwenden oder andere über die Anwendung beraten, einer Anzeigepflicht bei den zuständigen Pflanzenschutzdiensten.

In Tabelle 6.25 sind die Ergebnisse dargestellt. Bei 204 Kontrollen ergaben sich 16 Verstöße, das entspricht einer Beanstandungsquote von 7,8 % (2012: 15,7 %). Es wurden Bußgelder bis zu einer Höhe von 110 € erteilt.

Tab. 6.25 Kontrollen zur Einhaltung der Anzeigepflicht gemäß § 10 PflSchG (Dienstleister) bei der Anwendung von Pflanzenschutzmitteln auf nicht landwirtschaftlich, forstwirtschaftlich oder gärtnerisch genutzten Freilandflächen im Jahr 2013

	Kontrollen	Beanstandungen
Anzahl Kontrollen	204	16 (7,8 %)

Tipps für Hobbygärtner: Kauf, Anwendung und Lagerung von Pflanzenschutzmitteln

Im heimischen Garten sollte die Anwendung von Pflanzenschutzmitteln die Ausnahme sein. Nicht jeder Befall mit Schädlingen oder Pflanzenerkrankungen ist bekämpfungswürdig, und häufig gibt es nicht-chemische Alternativen. Bereits bei der Anlage des Gartens kann man einiges tun, um die Pflanzen gesund zu erhalten, indem man z. B. gegenüber Krankheiten und Schädlingen wenig anfällige Sorten auswählt sowie günstige Standort- und Bodenverhältnisse schafft. Sollte es dennoch einmal erforderlich sein, Pflanzenschutzmittel im heimischen Garten einzusetzen, dann geben die Behörden in den Bundesländern Auskunft zum Umgang mit Pflanzenschutzmitteln.

Anlässlich der Internationalen Grünen Woche vom 18. bis 27. Januar 2013 in Berlin hat das Bundesamt für Verbraucherschutz und Lebensmittelsicherheit (BVL) dieses Thema aufgegriffen und ein Faltblatt mit nützlichen Tipps für Hobbygärtner herausgegeben. Der Flyer kann im Internet heruntergeladen werden unter http://www.bvl.bund.de/pflanzenschutzmittel_garten.

6.4   Einhaltung der Vorschriften der Verordnung über das Inverkehrbringen und die Aussaat von mit bestimmten Pflanzenschutzmitteln behandeltem Maissaatgut (MaisPflSchMV)

Aufgrund eines massiven Bienensterbens in einigen Regionen Süddeutschlands im Frühjahr 2008, das durch die Aussaat von mit dem Wirkstoff Clothianidin behandeltem Maissaatgut verursacht worden war, wurden im Jahr 2008 strenge Verbote und Beschränkungen für die Verwendung von Beizmitteln für Mais eingeführt. Damals wurden etwa 11.500 Bienenvölker von ca. 700 Imkern teilweise erheblich geschädigt. Das Clothianidin stammte von behandeltem Maissaatgut, bei dem der Wirkstoff nicht ausreichend an den Körnern haftete, so dass es wegen dieser geminderten Beizqualität zu einem starken Abrieb kam.

Bei der Aussaat mit pneumatischen Sägeräten mit Saugluftsystemen, die aufgrund ihrer Konstruktion den Abriebstaub in die Luft abgeben, konnte der Abriebstaub auf blühende Pflanzen gelangen.

In der Folge ordnete das BVL im Mai 2008 das Ruhen der Zulassung für Mittel zur Behandlung von Maissaatgut an, die Methiocarb oder die Neonikotinoide Clothianidin, Imidacloprid und Thiamethoxam enthalten. Das Bundesministerium für Ernährung, Landwirtschaft und Verbraucherschutz (BMELV) erließ im Mai 2008 darüber hinaus eine Verordnung für vorerst 6 Monate, über die die Aussaat von Maissaatgut mit bestimmten Geräten verboten wurde.

Mit der Verordnung über das Inverkehrbringen und die Aussaat von mit bestimmten Pflanzenschutzmitteln behandeltem Saatgut vom 11. Februar 2009 (MaisPflSchMV), die durch die Verordnung vom 29. Juli 2009 geändert und deren Geltung über den 12. August 2009 hinaus verlängert worden ist, wurde ein vollständiges Verbot der Einfuhr und des Inverkehrbringens sowie der Aussaat von Maissaatgut verfügt, welches mit Clothianidin, Imidacloprid und Thiamethoxam behandelt wurde. Methiocarb ist zur Behandlung von Maissaatgut wieder zulässig; es gelten aber strenge Vorgaben zur Beizqualität und zur Aussaattechnik. Des Weiteren müssen die Bestimmungen der Verordnung (EG) Nr. 1107/2009 über die Kennzeichnung von Saatgut eingehalten werden: Auf dem Etikett und in den Begleitdokumenten des behandelten Saatguts müssen die Bezeichnung des Pflanzenschutzmittels, mit dem das Saatgut behandelt wurde, und die Bezeichnung(en) des Wirkstoffs/der Wirkstoffe in dem betreffenden Produkt angegeben sein.

Seit dem Jahr 2009 wird die Beachtung der Vorschriften der Mais-Pflanzenschutzmittelverordnung und der Verordnung (EG) Nr. 1107/2009 in Betrieben des Saatguthandels, in Beizbetrieben und Maisanbaubetrieben intensiv überwacht. Es wurden nur wenige Beanstandungen festgestellt.

Mit der Richtlinie 2010/21/EU der Kommission vom 12. März 2010 fordert die EU-Kommission die Mitgliedstaaten auf, für die Zulassung von Saatgutbehandlungsmitteln mit den Wirkstoffen Clothianidin, Imidacloprid, Thiamethoxam und Fipronil besondere Risikominderungsmaßnahmen zu treffen: Die Applikation auf Saatgut darf nur in professionellen Saatgutbehandlungseinrichtungen vorgenommen werden. Diese Einrichtungen müssen die beste zur Verfügung stehende Technik anwenden, damit gewährleistet ist, dass die Freisetzung von Staub bei der Applikation auf das Saatgut, der Lagerung und der Beförderung auf ein Mindestmaß reduziert werden kann. Die Überprüfung erfolgt anhand von Checklisten, die von Experten aus den Zulassungsbehörden und den Verbänden der Saatguterzeugung erarbeitet wurden.

Zur Umsetzung dieser Vorschrift hat das BVL folgende Anwendungsbestimmung erteilt:

NT6991: Die Anwendung des Mittels auf Saatgut darf nur in professionellen Saatgutbehandlungseinrichtungen vorgenommen werden, die in der Liste „Saatgutbehandlungseinrichtungen mit Qualitätssicherungssystemen zur Staubminderung" des Julius Kühn-Instituts aufgeführt sind (einzusehen auf der Homepage des Julius Kühn-Instituts: http://www.jki.bund.de/geraete.html).

Mitte 2013 erließ die EU-Kommission mit der Durchführungsverordnung (EU) Nr. 485/2013 weitreichende Restriktionen bezüglich der Anwendung der Wirkstoffe Imidacloprid, Clothianidin und Thiamethoxam. Nähere Informationen sind zu finden unter „Hintergrund: EUweite Änderungen bei der Zulassung von Pflanzenschutzmitteln aus der Gruppe der Neonikotinoide im Jahr 2013".

Im Juni 2013 wurde die deutsche MaisPflSchMV angepasst und die Anforderungen an die Geräte zur Aussaat von Maissaatgut weiter erhöht.

Im Jahr 2013 wurden 181 Saatguthandelsbetriebe bzw. Saatgutimporte während der Einfuhr und 334 Maisanbaubetriebe auf die Einhaltung der Vorgaben der Mais-Pflanzenschutzmittelverordnung kontrolliert. Durch die erfolgte Zertifizierung der Saatgutbeizstellen für Mais finden regelmäßige Kontrollen im Rahmen der Qualitätssicherung und durch die Zertifizierungsstellen statt.

Die Ergebnisse der Kontrollen des Saatguthandels sind in Tabelle 6.26 dargestellt. Es wurden 181 Kontrollen in Saatguthandelsbetrieben bzw. bei der Einfuhr von Saatgut durchgeführt. Bei 3 von 162 Saatgutproben fehlten bei der Kennzeichnung Auflagen zu Methiocarb-gebeiztem Saatgut. Bei 43 Saatgutchargen, die mit Methiocarb gebeizt wurden, wurde überprüft, ob der Grenzwert für den Staubabrieb von maximal 0,75 g je 100.000 Korn eingehalten wurde. Es wurde eine Probe beanstandet.

Tab. 6.26 Kontrollen zur Einhaltung der Mais-Pflanzenschutzmittelverordnung in Betrieben des Saatguthandels bzw. Einfuhrkontrollen im Jahr 2013

	Handelsbetriebe, einschließlich Einfuhrkontrollen	
	Kontrollen	Beanstandungen
Anzahl kontrollierter Betriebe	181	2 (1,1 %)
davon Kennzeichnungsmängel	162	3 (1,9 %)
davon Staubabriebprüfung	43	1 (2,3 %)

Tab. 6.27 Kontrollen zur Einhaltung der Mais-Pflanzenschutzmittelverordnung in Maisanbaubetrieben im Jahr 2013

	Maisanbaubetriebe	
	Kontrollen	Beanstandungen
Anzahl kontrollierter Betriebe	334	8 (2,4 %)
Zulässigkeit der Wirkstoffe im ausgesäten Saatgut	322	4 (1,2 %)
davon Saatgutanalysen	113	3 (2,7 %)
davon Beanstandungen in anwendungsrelevanter Konzentration		1 (0,9 %)
davon Beanstandungen in Anhaftungskonzentration		2 (1,8 %)
Verwendung zulässiger Sägeräte für die Aussaat von mit Methiocarb gebeiztem Saatgut	286	4 (1,4 %)

Tabelle 6.27 zeigt die Ergebnisse der Kontrollen in 334 Maisanbaubetrieben. Bei Kontrollen von Saatgut, die anhand von Saatgutlieferbelegen und durch chemische Analysen erfolgten, wurden 322 Chargen überprüft und 4 Proben beanstandet. Damit wurden in 1,2 % der kontrollierten Saatgutproben die Vorgaben der MaisPflSchMV nicht eingehalten (2012: 11 %). Aufgrund von chemischen Analysen von insgesamt 113 Proben wurden 3 Proben beanstandet, da die vollständig verbotenen Wirkstoffe (Clothianidin, Imidacloprid oder Thiamethoxam) nachgewiesen werden konnten. In einem Fall lagen die Rückstände in der Höhe anwendungsrelevanter Konzentrationen, während 2 Proben lediglich geringe Anhaftungskonzentrationen aufwiesen. Eine Probe wurde bemängelt, da eine verbotene Hofbeizung mit Methiocarb durchgeführt wurde und damit nicht gewährleistet ist, dass das Saatgut die Anforderungen bezüglich der Abriebfestigkeit erfüllt.

In 286 Kontrollen im Rahmen von Feld- und Betriebsüberwachungen wurde geprüft, ob die Vorschriften aus § 3 Absatz 3 der Verordnung beachtet wurden, wonach mit Methiocarb behandeltes Saatgut mit pneumatischen Geräten nur unter der Voraussetzung ausgesät werden darf, dass das verwendete Gerät mit einer Vorrichtung ausgestattet ist, die die erzeugte Abluft auf oder in den Boden leitet und dadurch eine Abdriftminderung von Stäuben von mindestens 90 % erreicht. Auf 4 Betrieben (1,4 %) wurde Methiocarb-haltiges Saatgut mit Sägeräten ausgebracht, die nicht die Voraussetzungen zur Abdriftminderung des Abriebs erfüllten (2012: 0,3 %).

Aufgrund der risikoorientierten Auswahl von Betrieben können keine Aussagen über einen möglichen Trend gegenüber dem Vorjahr gemacht werden. Insgesamt zeigen die Überwachungsdaten, dass die Mais-Pflanzenschutzmittelverordnung vom Handel und den Anwendern beachtet wurde.

Hintergrund: EU-weite Änderungen bei der Zulassung von Pflanzenschutzmitteln aus der Gruppe der Neonikotinoide im Jahr 2013

Zum Schutz von Bienen hat die EU-Kommission mit der Durchführungsverordnung (EU) Nr. 485/2013 die Verwendungszwecke der 3 neonikotinoiden Wirkstoffe Clothianidin, Imidacloprid und Thiamethoxam in Pflanzenschutzmitteln eingeschränkt.

Spätestens bis zum 30. September 2013 mussten die Mitgliedstaaten die entsprechenden Zulassungen ändern oder außer Kraft setzen. Zur Umsetzung dieser Vorschriften hat das Bundesamt für Verbraucherschutz und Lebensmittelsicherheit (BVL) für bestimmte Pflanzenschutzmittel mit diesen Wirkstoffen das Ruhen der Zulassung ab dem 1. Oktober 2013 angeordnet. Das betrifft Mittel, die zur Saatgutbehandlung von Raps vorgesehen sind.

Für 4 Mittel, die für die gewerbliche Spritzanwendung in verschiedenen Kulturen zugelassen sind, wurden zusätzliche Anwendungsbestimmungen festgesetzt. Unverändert bleiben die Zulassungen für Mittel zur Saatgutbehandlung von Futterrüben, Zuckerrüben, Kartoffeln und Gemüsesaaten.

Darüber hinaus sind Mittel zur Anwendung im Haus- und Kleingartenbereich nicht mehr zulässig. Hierbei handelt es sich um Mittel, die zum Beispiel in Form von Pflanzenstäbchen, Tabletten oder Granulaten zur Behandlung von Zierpflanzen vorgesehen sind, hauptsächlich in Räumen, Gewächshäusern und auf Balkonen.

Die Durchführungsverordnung verbietet seit dem 1. Dezember 2013 auch die Aussaat und das Inverkehrbringen von Saatgut einer großen Anzahl von Kulturen, die mit Clothianidin, Thiamethoxam oder Imidacloprid behandelt wurden, so dass seitdem weder Importe noch die Aussaat von Lagerbeständen des entsprechenden Saatguts zulässig sind.

6.5 Kontrolle von Pflanzenschutzgeräten

6.5.1 Inverkehrbringen von Pflanzenschutzgeräten

Hersteller, Vertriebsunternehmen oder diejenigen, die Pflanzenschutzgeräte erstmalig zu gewerblichen Zwecken einführen wollen, werden daraufhin kontrolliert, ob die Geräte den gesetzlichen Anforderungen entsprechen. Nach § 16 Absatz 1 PflSchG müssen Pflanzenschutzgeräte so beschaffen sein, dass ihre Verwendung beim Ausbringen von Pflanzenschutzmitteln keine schädlichen Auswirkungen auf die Gesundheit von Mensch und Tier, auf das Grundwasser oder auf den Naturhaushalt hat, die nach dem Stand der Technik vermeidbar sind. Bei den Kontrollen wird geprüft, ob nur Geräte importiert und verkauft werden, die mit einer CE-Kennzeichnung versehen sind. Die Kontrolldurchführung erfolgt insbesondere auf Ausstellungen und Messen, da es speziell um Anforderungen beim erstmaligen Inverkehrbringen von Pflanzenschutzgeräten geht.

In 25 Fällen wurden Kontrollen zum Inverkehrbringen von Pflanzenschutzgeräten durchgeführt und keine Mängel festgestellt (Tab. 6.28).

Tab. 6.28 Kontrollen zum Inverkehrbringen und der Einfuhr von Pflanzenschutzgeräten im Jahr 2013

	Kontrollen	Beanstandungen
Anzahl kontrollierter Betriebe	25	0
davon systematische Kontrollen	25	0
davon Anlasskontrollen	0	0

6.5.2 Überprüfung von im Gebrauch befindlichen Pflanzenschutzgeräten

Die Funktionstüchtigkeit von Pflanzenschutzgeräten wird in den Ländern von amtlich anerkannten oder amtlichen Kontrollstellen überprüft. Diese Überprüfung muss seit 2013, mit Inkrafttreten der Pflanzenschutz-Geräteverordnung, alle 6 Kalenderhalbjahre wiederholt werden. Die erfolgreiche Prüfung wird durch eine Plakette und einen Kontrollbericht dokumentiert. Die Ergebnisse werden im Julius Kühn-Institut (Institut für Anwendungstechnik im Pflanzenschutz) gesammelt und sind in diesem Jahresbericht aufgeführt, da sie die Anwendung von Pflanzenschutzmitteln betreffen. Die Überprüfungen im Jahr 2013 geben Auskunft über die Größenordnung der in Verwendung befindlichen Geräte (Tab. 6.29): Die im Jahr 2013 geprüften 53.991 Spritzgeräte für Flächenkulturen stellen einen Anteil von rund 43,1 % des Gesamtbestandes dar; die im Jahr 2013 geprüften 14.553 Sprühgeräte für Raumkulturen, wie Obst, Wein oder Hopfen, nehmen einen Anteil von rund 35,3 % des Gesamtbestandes ein. Tabelle 6.29 zeigt, dass nach der Überprüfung 99,7 % der Feldspritzgeräte und Spritz- und Sprühgeräte für Raumkulturen eine Prüfplakette erteilt wurde. Kleinere festgestellte Mängel wurden vor der Plakettenerteilung beseitigt. Die meisten Mängel treten an folgenden Geräteteilen auf:

- bei Spritz- und Sprühgeräten für Flächenkulturen an Leitungssystemen, Düsen/Querverteilung und Spritzgestängen,
- bei Sprühgeräten für Raumkulturen an Spritzfächern/-kegeln, Leitungssystemen und Armaturen.

Nähere Informationen über die Gerätekontrolle sind im Internet auf der Seite des Julius Kühn-Instituts erhältlich unter: http://www.jki.bund.de, Suche unter den Stichworten: Anzahl kontrollierter Feldspritzgeräte 2013.

Tab. 6.29 Geräteüberprüfungen in amtlich anerkannten oder amtlichen Kontrollstellen (Anzahl gemäß vorliegender Prüfprotokolle) im Jahr 2013 (Quelle: Julius Kühn-Institut, Institut für Anwendungstechnik, Braunschweig)

	Überprüfungen	nicht erteilte Plakette
Anzahl überprüfter Geräte	68.544	
davon geprüfte Feldspritzgeräte	53.991	0,3 %
davon geprüfte Spritz- und Sprühgeräte für Raumkulturen	14.553	0,3 %

6.5.3 Überprüfung der Kontrollstellen

Die Kontrollstellen, die die Geräteprüfungen durchführen, werden durch die Pflanzenschutzdienste regelmäßig überwacht. Im Jahr 2013 wurden 443 Inspektionen in den Kontrollstellen durchgeführt und in 29 Fällen (6,5 %) Verstöße festgestellt (2012: 5,0 %). Es wurde beispielsweise bemängelt, dass die Geräteprüfung in den Kontrollstellen teilweise nicht gemäß den Vorgaben der Richtlinie für die Prüfung von Pflanzenschutzmitteln und Pflanzenschutzgeräten Teil VII der Biologischen Bundesanstalt für Land- und Forstwirtschaft durchgeführt wird.

Anlasskontrollen

Anlasskontrollen dienen zur Aufklärung von offensichtlichen oder vermuteten Verstößen gegen das Pflanzenschutzrecht, die durch Anzeigen, Verdachtsmomente oder Auffälligkeiten bekannt werden.

Anwendungsbestimmungen

Vom Bundesamt für Verbraucherschutz und Lebensmittelsicherheit mit der Zulassung festgesetzte Vorschriften zum Schutz der Gesundheit von Mensch und Tier und zum Schutz vor sonstigen schädlichen Auswirkungen, insbesondere auf den Naturhaushalt.

Anwendungsgebiet

Der Zweck, für den die Anwendung des Pflanzenschutzmittels zugelassen bzw. genehmigt ist; in der Regel die Kombination aus der Kulturpflanze oder dem Pflanzenerzeugnis und dem Schadorganismus, gegen den die Pflanze/das Pflanzenerzeugnis geschützt wird.

Beistoffe

Beistoffe oder Formulierungshilfsstoffe sind Stoffe oder Zubereitungen, die neben den technischen Wirkstoffen im Pflanzenschutzmittel enthalten sind und dem Produkt die für die Anwendung erforderlichen Eigenschaften verleihen. Der Einsatz von Beistoffen stellt die erforderliche Verteilung der Wirkstoffe in der Spritzlösung, die Lagerstabilität, die Handhabung und die Ausbringung des Pflanzenschutzmittels sicher und sorgt für die Sicherheit des Anwenders. Beistoffe können aus mehreren Komponenten (Beistoffsubstanzen) bestehen. Beispiele für Beistoffe: Lösemittel, Emulgatoren, Haftmittel, Stabilisatoren, Schaumverminderer.

Freilandflächen, die nicht landwirtschaftlich, forstwirtschaftlich oder gärtnerisch genutzt werden

Zu solchen Freilandflächen zählen z. B.:
- an Kulturflächen angrenzende Feldraine, Böschungen, nicht bewirtschaftete Flächen und Wege einschließlich der Wegränder,
- Verkehrsflächen jeglicher Art wie Gleisanlagen, Straßen-, Wege-, Hof- und Betriebsflächen sowie sonstige durch Tiefbau veränderte Areale.

Gute fachliche Praxis

Nach dem PflSchG ist bei der Anwendung von Pflanzenschutzmitteln nach guter fachlicher Praxis zu verfahren. Die aktuelle Fassung der Grundsätze zur Durchführung der guten fachlichen Praxis im Pflanzenschutz wurde im Bundesanzeiger Nr. 76a vom 21. Mai 2010 bekannt gemacht.

Inverkehrbringen

Das Bereithalten und Anbieten zum Verkauf, jede andere Form der Weitergabe – egal ob entgeltlich oder unentgeltlich – sowie Verkauf, Vertrieb und andere Formen der Weitergabe selbst; auch die Überführung in den freien Verkehr des Gebiets der EU.

Kontrollschwerpunkt

Die Schwerpunkte im Pflanzenschutz-Kontrollprogramm werden jährlich neu festgelegt, um auf aktuelle Entwicklungen reagieren zu können. Folgende Informationen und Kriterien finden dabei Berücksichtigung:
- Hinweise über den Einsatz von Pflanzenschutzmitteln in nicht zugelassenen oder genehmigten Anwendungsgebieten aufgrund von Rückstandsfunden der Lebensmittelüberwachung,
- Hinweise über Verstöße aus den Kontrollen der Vorjahre,
- Kulturen mit intensivem Pflanzenschutzmitteleinsatz,
- Änderung der Zulassungssituation (Widerruf von Zulassungen),
- Grundwassermonitoring der Länder.

Parallelhandel

Aufgrund des unterschiedlichen Preisniveaus werden Pflanzenschutzmittel von Anwendern oder Handelsunternehmen häufig aus anderen Mitgliedstaaten der EU nach Deutschland importiert. Dies ist wegen der Frei-

Berichte zu Pflanzenschutzmitteln 2013, DOI 10.1007/978-3-319-11567-2_7,
© Bundesamt für Verbraucherschutz und Lebensmittelsicherheit (BVL) 2015

heit des Warenverkehrs grundsätzlich möglich. Solche Parallelhandelsmittel bedürfen keiner eigenen Zulassung, wenn sie in der Zusammensetzung mit einem in Deutschland zugelassenen Pflanzenschutzmittel übereinstimmen. Händler, die mit solchen Mitteln handeln möchten, und Anwender, die sie für den Eigengebrauch importieren möchten, benötigen aber vom BVL eine Genehmigung für den Parallelhandel (bis zum 13. Juni 2011 als Verkehrsfähigkeitsbescheinigung bezeichnet). Nachgeahmte Produkte, oft als Generika bezeichnet, die keine Zulassung in einem Mitgliedstaat der Europäischen Union besitzen, sind keine Parallelimporte und dürfen ohne Zulassung nicht vermarktet werden.

Pflanzenschutzgeräte

Geräte und Einrichtungen, die zum Ausbringen von Pflanzenschutzmitteln bestimmt sind, z. B. Traktor-Anbau-, -Aufbau- und -Anhängegeräte sowie selbst fahrende Geräte, Karrenspritzen, tragbare Spritzen und Rückenspritzen.

Pflanzenschutzmittel

Die Verordnung (EG) Nr. 1107/2009 definiert in Artikel 2 Absatz 1 Pflanzenschutzmittel als Produkte, die für einen der folgenden Verwendungszwecke bestimmt sind:

- Pflanzen oder Pflanzenerzeugnisse vor Schadorganismen zu schützen oder deren Einwirkung vorzubeugen, soweit es nicht als Hauptzweck dieser Produkte erachtet wird, eher hygienischen Zwecken als dem Schutz von Pflanzen oder Pflanzenerzeugnissen zu dienen;
- in einer anderen Weise als Nährstoffe die Lebensvorgänge von Pflanzen zu beeinflussen (z. B. Wachstumsregler);
- Pflanzenerzeugnisse zu konservieren, soweit diese Stoffe oder Produkte nicht besonderen Gemeinschaftsvorschriften über konservierende Stoffe unterliegen;
- unerwünschte Pflanzen oder Pflanzenteile zu vernichten, mit Ausnahme von Algen, es sei denn, die Produkte werden auf dem Boden oder im Wasser zum Schutz von Pflanzen ausgebracht;
- ein unerwünschtes Wachstum von Pflanzen zu hemmen oder einem solchen Wachstum vorzubeugen, mit Ausnahme von Algen, es sei denn, die Produkte werden auf dem Boden oder im Wasser zum Schutz von Pflanzen ausgebracht.

Pflanzenstärkungsmittel

Die Novelle des Pflanzenschutzgesetzes, die am 14. Februar 2012 in Kraft getreten ist, definiert Pflanzenstärkungsmittel als Stoffe und Gemische einschließlich Mikroorganismen, die

- ausschließlich dazu bestimmt sind, allgemein der Gesunderhaltung der Pflanzen zu dienen, soweit sie nicht Pflanzenschutzmittel nach Artikel 2 Absatz 1 der Verordnung (EG) Nr. 1107/2009 sind, oder
- dazu bestimmt sind, Pflanzen vor nichtparasitären Beeinträchtigungen zu schützen.

Sachkunde

Nach geltendem Recht dürfen Pflanzenschutzmittel nur von Personen angewandt werden, die die erforderliche Zuverlässigkeit und die erforderlichen fachlichen Kenntnisse besitzen. Analog muss jede Person, die Pflanzenschutzmittel abgibt, die erforderliche Zuverlässigkeit und erforderliche fachliche Kenntnisse besitzen. Ein Nachweis kann erfolgen

- durch die Vorlage eines Zeugnisses über eine bestandene Berufsabschluss-, Fortbildungs- oder Umschulungsprüfung oder über ein abgeschlossenes Hoch- oder Fachhochschulstudium in bestimmten Berufsgruppen,
- durch eine Prüfung nach der Pflanzenschutz-Sachkundeverordnung.

Auf Antrag kann die zuständige Behörde auch den erfolgreichen Abschluss in einer anderen Aus-, Fort- oder Weiterbildung als Nachweis der erforderlichen fachlichen Kenntnisse und Fertigkeiten anerkennen, wenn die Vermittlung solcher Kenntnisse und Fertigkeiten Gegenstand der jeweiligen Aus-, Fort- oder Weiterbildung gewesen ist.

Im Haus- und Kleingartenbereich ist dieser Nachweis nicht erforderlich, allerdings hat der Gesetzgeber hier im Sinne des Verbraucherschutzes Vorsorge getroffen, indem er die für den Haus- und Kleingartenbereich erlaubten Mittel vorgibt sowie eine Beratung durch den Abgeber vorschreibt.

Systematische Kontrollen

Systematische Kontrollen sind vorab geplante und bezüglich des Kontrollumfangs festgelegte Überprüfungen. Der Kontrollumfang kann bei systematischen Kontrollen alle vor Ort prüfbaren Kontrolltatbestände umfassen oder auf bestimmte Tatbestände reduziert sein (Schwerpunktkontrollen). Die risikobasierten Schwerpunkte der Kontrollen können jährlich wechseln.

Verunreinigungen

Jeder Bestandteil außer dem reinen Wirkstoff und/oder der Wirkstoffvariante, der/die sich im technischen Material befindet (auch durch Herstellungsprozess oder den Abbau während der Lagerung entstanden).

Wirkstoffe von Pflanzenschutzmitteln
Chemische Elemente oder deren Verbindungen, wie sie natürlich vorkommen oder zu gewerblichen Zwecken hergestellt werden, einschließlich der Verunreinigungen, mit Wirkung auf Schadorganismen oder Pflanzen oder Pflanzenerzeugnisse; Mikroorganismen einschließlich Viren und ähnliche Organismen sowie ihre Bestandteile sind den chemischen Elementen gleichgestellt.

Zusatzstoffe
Stoffe, die dazu bestimmt sind, Pflanzenschutzmitteln zugesetzt zu werden, um ihre Eigenschaften oder Wirkungen zu verändern, ausgenommen Wasser und Düngemittel.

Zuständige Behörden für Verkehrs- und Anwendungskontrollen

Baden-Württemberg
Landwirtschaftliches Technologiezentrum
Augustenberg (LTZ)
Neßlerstraße 23 – 31, 76227 Karlsruhe
Tel.: 0721 9468-450, Fax: 0721 9468-451
poststelle@ltz.bwl.de
www.ltz-Augustenberg.de

Regierungspräsidium Stuttgart
Pflanzenschutzdienst
Postfach 80 07 09, 70507 Stuttgart
Ruppmannstr. 21, 70565 Stuttgart
Tel.: 0711 904-0, Fax: 0711 904-13090
abteilung3@rps.bwl.de
www.rp.baden-wuerttemberg.de

Regierungspräsidium Karlsruhe
Pflanzenschutzdienst
Schlossplatz 4 – 6, 76131 Karlsruhe
Tel.: 0721 926-0, Fax: 0721 926-5337
abteilung3@rpk.bwl.de
www.rp.baden-wuerttemberg.de

Regierungspräsidium Freiburg
Pflanzenschutzdienst
Bertoldstraße 43, 79098 Freiburg/Breisgau
Tel.: 0761 208-0, Fax: 0761 208-1268
abteilung3@rpf.bwl.de
www.rp.baden-wuerttemberg.de

Regierungspräsidium Tübingen
Pflanzenschutzdienst
Postfach 26 66, 72016 Tübingen
Konrad-Adenauer-Straße 20, 72072 Tübingen
Tel.: 07071 757-0; Fax: 07071 757-31 90
abteilung3@rpt.bwl.de
www.rp.baden-wuerttemberg.de

Bayern
Anwendungskontrolle:
Bayerische Landesanstalt für Landwirtschaft
Institut für Pflanzenschutz
Lange Point 10, 85354 Freising
Tel.: 08161 71-5213, Fax.: 08161 71-5198
Pflanzenschutz@LfL.bayern.de
www.LfL.bayern.de Verkehrskontrolle:

Bayerische Landesanstalt für Landwirtschaft
Verkehrs- und Betriebskontrollen
Am Gereuth 8, 85354 Freising
Tel.: 08161 71-3137, Fax.: 08161 71-5227
E-Mail: Verkehrskontrolle@LfL.bayern.de
http://www.LfL.bayern.de

Berlin
Pflanzenschutzamt Berlin
Mohriner Allee 137, 12347 Berlin
Tel.: 030 700006-0, Fax.: 030 700006-255
pflanzenschutzamt@senstadtum.berlin.de
www.stadtentwicklung.berlin.de/pflanzenschutz

Brandenburg
Landesamt für Ländliche Entwicklung, Landwirtschaft
und Flurneuordnung
Pflanzenschutzdienst
Müllroser Chaussee 54, 15236 Frankfurt (Oder)
Tel.: 0335 560-2101, Fax.: 0335 560-2113
poststelle.pflanzenschutzdienst@lelf.brandenburg.de
www.lelf.brandenburg.de/

Berichte zu Pflanzenschutzmitteln 2013, DOI 10.1007/978-3-319-11567-2_8,
© Bundesamt für Verbraucherschutz und Lebensmittelsicherheit (BVL) 2015

Bremen
Lebensmittelüberwachungs-, Tierschutz- und Veterinär-
dienst des Landes Bremen
Pflanzenschutzdienst
Lötzener Straße 3, 28207 Bremen
Tel.: 0421 361-89204, Fax.: 0421 361-16644
birte.evers@veterinaer.bremen.de
www.lmtvet.bremen.de

Hamburg
Behörde für Wirtschaft, Verkehr und Innovation (BWVI)
Pflanzengesundheitskontrolle
Indiastraße 3
20457 Hamburg
Tel.: 040 42841-5208, Fax.: 040 427941-069
gregor.hilfert@bwvi.hamburg.de
www.pflanzenschutz.hamburg.de/

Hessen
Regierungspräsidium Gießen
Pflanzenschutzdienst Hessen
Schanzenfeldstraße 8, 35578 Wetzlar
Tel.: 0641 303-5210, Fax.: 0641 303-5104
E-Mail: martin.kerber@rpgi.hessen.de
www.rp-giessen.de

Mecklenburg-Vorpommern
Landesamt für Landwirtschaft, Lebensmittelsicherheit
und Fischerei Mecklenburg-Vorpommern
Abteilung Pflanzenschutzdienst
Graf-Lippe-Str. 1, 18059 Rostock
Tel.: 0381 4035-0, Fax.: 0381 4922-665
pflanzenschutzdienst@lallf.mvnet.de
www.lallf.de

Niedersachsen
Landwirtschaftskammer Niedersachsen
Pflanzenschutzamt
Standort Hannover
Wunstorfer Landstraße 9, 30453 Hannover
Tel.: 0511 4005-0, Fax.: 0511 4005-2120
Pflanzenschutzamt@lwk-niedersachsen.de
www.ml.niedersachsen.de
www.lwk-niedersachsen.de

Nordrhein-Westfalen
Pflanzenschutzdienst der
Landwirtschaftskammer Nordrhein-Westfalen
Postfach 30 08 64, 53188 Bonn
Siebengebirgsstraße 200, 53229 Bonn
Tel.: 0228 703-0, Fax.: 0228 703-2102
pflanzenschutzdienst@lwk.nrw.de
www.landwirtschaftskammer.de/landwirtschaft/
pflanzenschutz/

Rheinland-Pfalz
Aufsichts- und Dienstleistungsdirektion Trier
Referat 42 – Pflanzenschutz
Postfach 13 20, 54203 Trier
Willy-Brandt-Platz 3, 54290 Trier
Tel.: 0651 9494-0, Fax.: 0651 9494-170
poststelle@add.rlp.de
www.agrarinfo.rlp.de

Saarland
Anwendungskontrolle:
Ministerium für Umwelt und Verbraucherschutz
Referat F/1
Dillinger Straße 67, 66822 Lebach
Tel.: 06881 501-4857, Fax.: 06881 501-4098
h.kohl@umwelt.saarland.de
www.umwelt.saarland.de

Verkehrskontrolle:
Landwirtschaftskammer für das Saarland
Dillinger Straße 67, 66822 Lebach
Tel.: 06881 928-111, Fax.: 06881 928-100
dr.klaus-peter.brueck@lwk-saarland.de
www.lwk-saarland.de

Sachsen
Sächsisches Landesamt für Umwelt, Landwirtschaft
und Geologie
Referat 92 – Kontrolldienst Agrarwirtschaft
Zur Wetterwarte 11, 01109 Dresden Klotzsche
Tel.: 0351 8928-3501, Fax.: 0351 8928-3599
KontrolldienstAgrarwirtschaft.lfulg@smul.sachsen.de
www.smul.sachsen.de/lfulg

Sachsen-Anhalt
Landesanstalt für Landwirtschaft, Forsten und Gartenbau
Dezernat Pflanzenschutz
Strenzfelder Allee 22, 06406 Bernburg
Tel.: 03471 334-342, Fax.: 03471 334-109
Pflanzenschutz@llfg.mlu.sachsen-anhalt.de
www.llfg.sachsen-anhalt.de

Schleswig-Holstein
Landwirtschaftskammer Schleswig-Holstein
Abteilung Pflanzenbau, Pflanzenschutz, Umwelt
Referat Genehmigungen, Kontrollen und Sachkunde
Grüner Kamp 15 – 17, 24768 Rendsburg
Tel.: 04331 9453-314, Fax.: 04331 9453-389
ssteffensen@lksh.de
www.lksh.de

Thüringen
Thüringer Landesanstalt für Landwirtschaft
Referat 410 – Pflanzenschutz
Kühnhäuser Straße 101, 99090 Erfurt
Tel.: 0361 55068-0, Fax.: 0361 55068-140
pflanzenschutz@tll.thueringen.de
www.thueringen.de/de/tll/